基本がわかる

分子生物学 集中講義

花岡文雄——監修——
Fumio Hanaoka

武村政春——著——
Masaharu Takemura

講談社

監修者まえがき

　20世紀半ばにDNAが遺伝情報の本体であることが証明され，そのDNAの構造が明らかにされた。それをきっかけに，生命現象を分子レベルで理解しようとする学問，すなわち「分子生物学」が誕生し，またたく間に生物学の中心へと躍り出た。それから半世紀あまりの分子生物学の進展はめざましく，当初，予想もできなかった発見や各種の生体分子解析技術の発明，そしてそれらの結果としての新たな概念や学問領域の創出が相次いでいる。今や分子生物学は，生命科学のすべての分野に必須な学問と言っても過言ではなく，見方を変えれば生命科学そのものと見ることもできる。

　本書はこうした分子生物学の根幹をなす「セントラルドグマ（遺伝子DNA→RNA→タンパク質）」を中心として，生物に共通のしくみである複製，転写，翻訳を軸にしつつ，斬新なくくりで分子生物学の知見をまとめている。たとえば「DNA複製と細胞周期」であったり，「遺伝・減数分裂とDNA修復」であったりする。

　問題の本質を知ろうとする場合，その研究の過程で発表された主要な原著論文に当たって，研究のプロセスをたどるのがベストである。しかしそれはその分野に通じていない者にとっては，容易なことではなく，しばしば苦痛でさえある。本書は，そうした場合に経路をショートカットすることに特に有用である。

　著者の武村政春博士と私とは，彼が名古屋大学大学院医学研究科の頃から研究会等で一緒に勉強し，議論してきた間柄である。常にナイーブな質問をぶつけてくる好青年で，将来を嘱望していた。私の期待にたがわず彼は研究者として着実に成果を上げ研究室を主宰するようになったが，同時にいつの頃からか多数の著書をものするようになった。彼の著書は，的確な比喩を使った，素人にも大変わかりやすい文章が特徴である。その点が，彼に編集者たちが次々と著作を依頼する最大の理由であろう。本書は分子生物学の「基本の基」というべき「セントラルドグマ」に焦点を当てつつ，「集中講義」の形式で平易に解説したもので，ひとりでも多くの人，とりわけ若い方々に生命科学の面白さ，そしていのちのしくみの素晴らしさに触れていただけることを願っている。

令和2年4月　　花岡　文雄

著者まえがき

　21世紀になってはや20年が経過した。その間，さまざまな出来事が起こり，生命科学の世界でもさまざまな変革がもたらされた。

　iPS細胞が作られたその根底には，ES細胞などの幹細胞研究によりもたらされた20世紀以降のさまざまな知見がとぐろを巻き，iPS細胞に関わる開発や発見は，つねにその上に成り立っている。ゲノム編集もまた，今後の人間社会の尺度を大きく変えようとしており，遺伝子組換え食品に代わり「ゲノム編集食品」がまさに世に出ようとしている。

　生命科学という巨大な科学の分野では，ほかにも大小さまざまな変革が少しずつ巻き起こり，どういう形であれ人間社会の未来を形作ろうとしている。この巨大な分野を支える学問，それこそが「分子生物学」にほかならない。

　分子生物学とは，その名のとおり「分子」の視点から「生物学」を研究しようとする学問で，分子とは細胞よりも小さな目に見えない物質たち，DNA，RNA，タンパク質，脂質，糖質などを指す。とりわけ前三者は，「セントラルドグマ」と呼ばれる生物共通のしくみを構成する重要な物質である。

　DNAは「遺伝子」の本体として，私たち生物の体を作り上げるための〝設計図〟でもあり，RNAは遺伝情報をタンパク質に〝翻訳〟する一連のプロセスにはたらく。そしてタンパク質は，細胞内外で生命現象の担い手として活動する。これらの活動が細胞内外の目に見えないところでしっかりと間違えることなく起こっているからこそ，私たちは日々を健康に過ごすことができるとともに，iPS細胞の開発やゲノム編集が可能になったと言ってよい。

　ミクロな視点で生物学を眺めると，いかにその世界が多彩・多様で，複雑かつ面白いものであるかが，分子生物学を通して初めてわかるのだ。本書は，その分子生物学の基本を「集中講義」の体裁で網羅したものである。

　本書を上梓するにあたり，筆者が大学院生の頃から同分野の大先達であられ，DNA複製・DNA修復研究の第一人者である国立遺伝学研究所所長，花岡文雄先生に本書の監修をお引き受けいただけたことはこの上ない喜びである。また，最近のRNA研究に関しては筆者だけでは追跡するのは困難だったため，RNA研究で日本学術振興会育志賞を受賞した東京大学定量生命科学研究所助教，余越萌博士（筆者の研究室の卒業生でもある）に第8講の初稿をお読みいただき，コメントや修正な

■■■

どをお願いした。この場を借りて厚く御礼申し上げたい。

　本書は，分子生物学の大学教科書としても成り立つよう，分子生物学の基礎的内容を全体的に網羅するように書いたつもりだが，最先端の分子生物学は，これ以上の深く面白い内容がたくさん含まれる。本書を足がかりにして，その興味深い世界に入り込んでくる若者がたくさん出てくることを期待している。

令和2年4月　　武村　政春

目次

第1講 ⋯⋯ 細胞と染色体

第2講 ⋯⋯ DNA・遺伝子・ゲノム・タンパク質

第3講 ⋯⋯ DNA複製と細胞周期

第8講⋯⋯RNAの機能

MEMO✐：分子生物学的なしくみがうまくはたらかないときに発症する疾患を紹介している。該当する本文の部分に「＊」を付けた。

装幀／相京厚史（next door design）
図版／千田和幸
編集協力／松本京久

第 1 講

細胞と染色体

1-1　生物の基本単位としての細胞

》すべての生物は細胞からできている

　すべての生物は細胞からできている。この原則は，現代生物学という〝建物〟の中心を貫く，大黒柱のようなものである。すべての生物が細胞からできているということは，言い換えれば，細胞からできていないものは生物ではないということであり，また細胞そのものも生物である，ということである。

　「すべての生物が細胞からできている」といっても，地球上の生物の様相は大きく異なる2つのグループに分かれる（図1-1）。

　一つは1個の細胞からできている生物である。これは**単細胞生物**と呼ばれるもので，肉眼で見ることはできない。いま一つは複数の——多くの場合は無数の——細胞からできている生物で，**多細胞生物**と呼ばれる。肉眼で見ることができないものもいるが，私たちになじみの深い多細胞生物は，肉眼で見ることができるものたちだ。

　単細胞生物の場合，細胞そのものが生物の個体である。生物によっては，細菌などに見られるごく単純な生物もあれば，ゾウリムシ（図1-2）などのように1個の細胞の内部がきわめて複雑に分化して，私たちヒトでいう口，消化器，泌尿器などに該当する**細胞小器官（オルガネラ**ともいう）を発達させている生物もいて，その様相は千差万別である。しかし，どれも「細胞」であることには変わりない。

　一方，多細胞生物である私たちヒトは，37兆個ほどの細胞からできていると考えられているが，細胞の種類としてはおよそ200種類程度である。これら役割の異なる細胞が，その役割に特化して個体全体の生命活動を担うというのが，多細胞生物の特色である。

単細胞生物	多細胞生物
1個の細胞からできている生物	複数の細胞からできている生物

図1-1　単細胞生物と多細胞生物

ちなみに，私たち多細胞生物にも「単細胞生物の時期」がある。命のはじまりの瞬間，すなわち父親の精子と母親の卵が受精して合わさってできた受精卵の瞬間である。だが次の瞬間，受精卵は細胞分裂を起こし，2つに分かれ，多細胞生物への階段を上り始める。私たち多細胞生物が，はるか昔の祖先が単細胞生物だったころの記憶に浸ることができるのは，一生のうちほんのわずかな間だけなのである。

ところで，本書は「分子生物学」に関する本である。その名のとおり「分子」のはたらきを通じて生物のしくみを解明しようという学問だ。それなのになぜ，細胞の話からスタートしたのだろう。

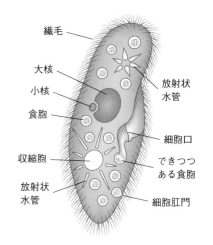

図1-2 ゾウリムシ（単細胞生物）

図中のラベル：繊毛，大核，小核，食胞，収縮胞，放射状水管，放射状水管，細胞口，できつつある食胞，細胞肛門

それは，細胞こそ生物の機能的，かつ構造的な基本単位であると同時に，生物の体の中で起こる「分子」のさまざまなはたらきは，細胞という場があって初めて成り立つものがほとんどだからである。「分子生物学」を学ぶ者にとっても，研究する者にとっても，細胞は基本中の基本なのだ。

》 最も単純な細胞が持つもの

さて，ある〝細胞のようなもの〟がそこにあったとして，それではいったい，何をもってそれが「細胞である」といえるのか。最低限どのような要素をそろえれば，〝細胞といえるもの〟ができるのだろうか。

これは，「細胞とは何か」をどう定義するかに関わる問題だが，定義するのは人間である。つまり，その定義は絶対的なものではない，ということはまず申し上げておきたい。そのうえで，現在の生物学者たちが考えている「細胞とは何か」を前提に，話を進めていく。

現在の地球上で最も単純な構造をしている細胞は，マイコプラズマと呼ばれる「細菌」の一種であると考えられている。細菌，つまりバクテリアは肉眼で見ることができない単細胞生物であるから，個体そのものが1個の細胞である。この細胞が最も単純な構造をしているということは，この細胞が持っているものを並べたて

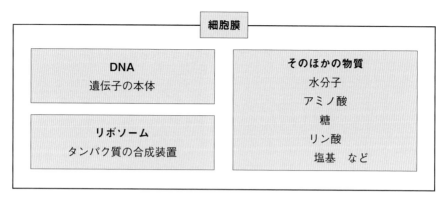

図1−3 細胞が持つ最低限の要素

れば，それが「細胞」となるべき最低限の要素ということになる。

　それは，DNA，リボソーム，細胞膜，そして，細胞が活動するのに重要なさまざまな物質である（**図1−3**）。

【DNA】

　DNA（**デオキシリボ核酸**）は，今やほとんど一般名詞化してしまい，「日本人のDNA」とか，「○○○（会社名など）のDNA」とか，そういった用法が定着してしまっているが，そもそもは生物用語である。すなわちDNAとは，**遺伝子**（タンパク質などの設計図）の本体として知られる**生体高分子**（生物の体を構成する，比較的大きな分子のこと）である。

　DNAは，**ヌクレオチド**（正確には**デオキシリボヌクレオチド**）を単位としてそれが重合した物質であり，通常，生体内では**二重らせん構造**という特殊な形を作っている。そしてそのヌクレオチドは，糖（デオキシリボース），リン酸，**塩基**から成る物質で，塩基には4種類（アデニン，グアニン，シトシン，チミン）あり，その並び順である**塩基配列**が，DNAの性質を決定している。DNAの詳しい構造は第2講で述べるが，DNAは，分子生物学の主役といってもよいほど重要な物質であり，本書はこれ以降最後まで，DNAに関わるさまざまな現象を扱っていると考えていただいてよい。

【リボソーム】

　細胞のはたらきを実質的に担うのは，これも生体高分子の一つにして三大栄養素

の一つとしても知られる**タンパク質**だ。細胞は，つねにタンパク質を合成し，自らの構造を維持し，さまざまな活動を行っており，このタンパク質を合成する粒子が**リボソーム**である。リボソームはそれ自身，タンパク質と RNA（リボ核酸）からできており，細胞質に無数に存在している。リボソームがないとタンパク質を合成できないので，タンパク質でできている細胞そのものが存在できないといえる。

【細胞膜】

　細胞膜とはその名のとおり，細胞の表層に存在する脂質でできた膜である。リン脂質と呼ばれる両親媒性の脂質の膜が，疎水性部分同士で結び付き，二重の膜を形成している。これを**脂質二重層**という（**図1−4**）。

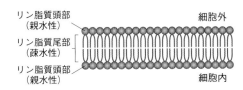

リン脂質頭部（親水性）　　　細胞外
リン脂質尾部（疎水性）
リン脂質頭部（親水性）　　　細胞内

図1−4 脂質二重層

水溶液中で「膜」を作るには，ある分子が層状に並ぶ必要があるが，疎水性部分がまさにその役割を果たしている。

【そのほかの物質】

　水分子，タンパク質の材料となる**アミノ酸**，DNAやRNAの材料となるヌクレオチドと，そのさらに材料となる糖，リン酸，塩基，これらの化学反応を遂行する酵素群など，さまざまな物質が細胞質に存在することで，細胞は活動し，その構造を維持することができる。

　すなわち，脂質二重層で外界から隔てられ，遺伝子の本体としてDNAを持ち，その遺伝子からタンパク質を作り出すことができるもの。これが，細胞であるために必要な条件であるといえる。これらがそろって初めて細胞は，自ら作り出したタンパク質を使い，代謝活動を行い，自己複製を行うことができるようになる。

　もちろん，地球上に生息する多くの生物の細胞は，マイコプラズマほど単純なものではない。私たちヒトの細胞は，マイコプラズマのそれよりもはるかに複雑だ。その複雑性，単純性は生物の種類によってさまざまなので一概にはいえないが，ここでは，多くの教科書でなされるような典型的な細胞を仮想的に用意して，その構造について紐解いていくことにする。

》原核細胞と真核細胞

　先ほども述べたように，地球上の生物を大きく2つのグループに分けるというのは昔からよく行われている方法で，現在でもまだ十分通用する。それにもまたいくつかのやり方がある。

　一つは先ほども述べた「単細胞生物」と「多細胞生物」に分ける方法である。しかし分子生物学を学ぼうという場合，この分け方よりもっと都合のよい分け方がある。それは，細胞の中に**細胞核**（以降，**核**）が存在するかしないかで分ける方法であり，核が存在しない細胞を**原核細胞**，その細胞からできている生物を**原核生物**といい，核が存在する細胞を**真核細胞**，その細胞からできている生物を**真核生物**という。現在までに見つかっているすべての生物は，このどちらかに分類される（**図1－5**）。

原核細胞 ▶	原核生物	単細胞生物	細菌	大腸菌，枯草菌，ブドウ球菌など
			古細菌	好塩菌，好熱菌，メタン生成菌など
真核細胞 ▶	真核生物	単細胞生物		アカントアメーバ，ゾウリムシ，ユーグレナ，酵母など
		多細胞生物		動物，植物，菌（キノコやカビの仲間）など

図1－5 生物の大分類

　なぜ分子生物学にとってこの分け方が重要なのかというと，核は，遺伝子の本体であるDNAを包み込む細胞小器官であり，DNAのはたらきの中心となるもので，DNAの存在状態，「遺伝子発現」（遺伝子からタンパク質が作られること）の様式などが，これら2つの生物で大きく異なるためだ。つまり分子生物学では，ある現象について，原核生物では○○○だが，真核生物では△△△である，といった表現で説明されることが多いのである。

　まずは，それぞれの細胞の構造を概観してみよう。

【原核細胞】（図1－6）

　この細胞を持つ原核生物は，現在では2つの大きなグループに分けられる。**細菌（バクテリア）**と**古細菌（アーキア）**である。細菌はかつて「真正細菌」と呼ばれ

ていたが，現在では「真正」がとれて単なる「細菌」と呼ばれている。現在までに発見されている原核生物は，そのすべてが単細胞生物である。細胞内に核のある真核細胞は，このうち古細菌から分岐し，進化したと考えられており，原核細胞は真核細胞よりも「原始的」であるとされている。

原核細胞には核が存在しないため，DNAはいわば〝裸の状態〟で，細胞質の中に存在する格好になるが，実際にはDNAは細胞膜の一部に付着した状態で存在する。電子顕微鏡で原核細胞を観察すると，DNAが存在する部

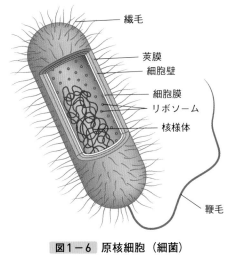

図1-6 原核細胞（細菌）
莢膜を持たない細菌も多い

分だけその周囲とは異なる領域として識別される。これを**核様体**という。細胞質にはリボソームをはじめ，RNA，酵素タンパク質，そのほかさまざまな代謝産物が存在する。

原核細胞の細胞膜の周囲は，**細胞壁**と呼ばれる，細胞膜よりも硬い組織が覆っている。原核細胞のうち細菌の細胞壁には**ペプチドグリカン**と呼ばれる成分の層が存在している。一方，古細菌の細胞壁にはペプチドグリカンは存在せず，多糖やタンパク質から成る硬い層で細胞が覆われていることが多い。

また，一部の原核細胞には，鞭毛があり，これを波打たせるようにして動かし，その推進力を利用して泳ぐことができる。

【真核細胞】（図1-7，図1-8）

原核生物とは異なり，真核細胞を持つ真核生物には，単細胞生物と多細胞生物がある。前者の代表的な生物としてはアカントアメーバ（角膜炎の原因となる原生生物），ゾウリムシ，ユーグレナ，酵母などが有名なところであり，後者の代表的な生物は，言うまでもなくヒトをはじめとする動物，植物，菌（キノコやカビの仲間）などである。

真核細胞の特徴は，核をはじめとしてさまざまな**細胞小器官**（表1-1）が存在することである。核にはDNAが存在し，遺伝子発現の場として重要な役割を果たし

図1-6の画像ラベル：繊毛，莢膜，細胞壁，細胞膜，リボソーム，核様体，鞭毛

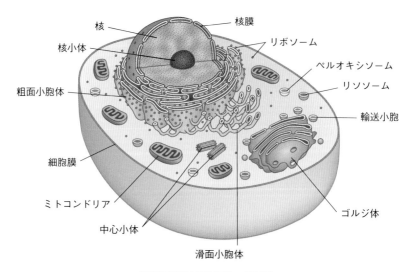

図1−7 真核細胞（動物）

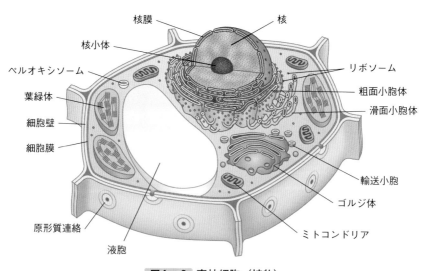

図1−8 真核細胞（植物）

ている。

　ミトコンドリアは，細胞呼吸を司る細胞小器官で，グルコースが分解されてでき
たピルビン酸ならびに酸素を利用して，〝エネルギーの共通通貨〟とされる「ATP
（アデノシン三リン酸）」を合成する。**葉緑体**は，緑色植物など一部の真核細胞に存
在する細胞小器官で，光エネルギーを利用して水と二酸化炭素から「炭水化物」を

表1－1 主な細胞小器官の役割

細胞小器官	役割
核	遺伝子の本体であるDNAを包み込む
ミトコンドリア	細胞呼吸を司る。グルコースが分解されてできたピルビン酸ならびに酸素を利用してATPを合成する
葉緑体	光合成を司る。光エネルギーを利用して水と二酸化炭素から炭水化物を合成する
小胞体	細胞の外に分泌されるタンパク質に，分泌のための前処理を施す
粗面小胞体	小胞体の表面に無数のリボソームが結合したもの。細胞外へ分泌されるタンパク質を合成する
ゴルジ体	粗面小胞体で合成されたタンパク質に多糖類などの修飾を施し，分泌小胞（輸送小胞）を介して細胞外へ分泌する

合成する。

小胞体は，細胞の外に分泌されるタンパク質に，分泌のための前処理を施す細胞小器官である。脂質二重層の袋が扁平に押しつぶされ，幾重にも積み重なる層状構造を呈している。小胞体のうち，リボソームがその表面に無数結合したものを**粗面小胞体**といい，細胞外へ分泌されるタンパク質を合成している。また**ゴルジ体**は，その粗面小胞体で合成されたタンパク質に多糖類などの修飾を施し，「分泌小胞（輸送小胞）」を介して細胞外へと分泌する，〝配送センター〟のような役割を持つ細胞小器官である。

植物細胞には，これらの細胞小器官のほか，細胞膜の外側にセルロースやヘミセルロースなどの生体高分子を主成分とする**細胞壁**（原核生物の細胞壁とは成分が異なる）がある。また，一部の植物細胞には，**液胞**と呼ばれる空間（ただし液体で満たされている）が細胞質にあり，さまざまな色素を含み，代謝活動にも関わっていることが知られている。

1-2 原核細胞から真核細胞への進化

≫ 細胞はいかにして生まれたか

さて，細胞の起源は，今でもさまざまな議論が研究者の間で続いている。原始地球のどのような環境下で，どのようにしてDNAができ，どのようにしてタンパク質ができ，そしてどのようにしてすべての細胞の共通祖先が誕生し，それがどう進化してLUCA（すべての生物にとっての最後の共通祖先：last universal common ancestor）が生まれ，それがどのようにして現在の生物多様性を生み出したのか。じつはまったくの謎なのである。

世界中の研究者により，さまざまな仮説が提唱されているが，定説といわれるものはほとんど存在しない。ただDNAやタンパク質の誕生に関しては，**RNAワールド仮説**（地球上にまずRNAが自己複製しつつ自己代謝をする自律的な世界が誕生し，その後，DNAとタンパク質にその一部の役割を〝委譲〟して，現在のDNAワールドが誕生した，というもの）のように，ある程度，多くの研究者に支持されている興味深い仮説は存在する。

一方，パンスペルミア説に代表されるように，〝生命の素〟は宇宙から，隕石などによってもたらされたと考える研究者もいる。実際にこれまで地球の各地に落下した隕石などから，アミノ酸などの低分子有機化合物が見つかっており，少なくともアミノ酸や核酸塩基（DNAなどの材料となる物質）のレベルでは，これらが宇宙から地球にもたらされた可能性は高いことが知られている。

だが，こと「細胞の誕生」に関しては，ほぼまったくと言っていいほど謎のままだ。何しろ40億年も前の話で，物質的な証拠は化石を含めて残されていないから，どうしても理論的な考察に偏りがちになる。人工的に細胞を作り出すことで細胞の起源に迫ろうとする研究もあり，中には，細胞そのものも宇宙に起源があると考える研究者もいる。

≫ 原核細胞という存在

細胞の起源を研究する者にとって，原核細胞というのは魅力的な存在だ。乱暴な

言い方ではあるが，先に述べたように，最も単純な原核細胞を作るがごとく，DNAとリボソームを脂質二重層で取り囲み，DNAやタンパク質の材料を入れてやれば，細胞のようなものが作れそうだからである。

　しかし，ことはそう単純ではない。

　DNAは，単なるDNA，単なるヌクレオチドの重合物であってはダメで，そこには細胞を維持するためのタンパク質の設計図である遺伝子としてのはたらきがなくてはならないし，その遺伝子を発現させるためのさまざまなしくみを，そのDNA内にきちんとそろえていなくてはならない（第5講以降で述べる遺伝子発現調節のしくみがまさにそれである）。

　リボソームもまた，リボソーム単独ではタンパク質を合成できるわけではなく，そのためのさまざまなしくみがなければならない（第7講で述べる翻訳のしくみがまさにそれである）。

　そして細胞は，これらのしくみとそれに関わるすべての分子を，自らの力で用意するとともに，自己複製するたびに，そのしくみやそれらの分子もまた子孫へと受け継いでいかなければならないのである。

　こうしたしくみを人工的に作るのは至難の業であり，いまだに，これらをすべて完備した人工細胞の作製に成功した研究者はいない。原核生物といえども，単純そうに見えて，そのじつは非常に複雑な存在なのである。

　とはいっても，地球上に最初に誕生した細胞，すなわち原核生物は，やはり現在の細菌（バクテリア）と非常によく似た〝単純な〟生物であったと，多くの研究者が考えているのは間違いない。彼らが，RNAよりも安定なDNAを遺伝子の本体として用い，そこからタンパク質を合成して，日々の活動を行い，自己複製するようなものたちだったのもまた，間違いないだろう。

　それがやがて，細菌と古細菌（アーキア）に分かれた。細菌と古細菌がどのようにして分かれて進化したのか，そこにも謎が未解明のまま残されている。

》 真核生物の誕生への布石

　最初の原核生物が誕生してから20億年ほどが経過したころ（約19億年前），ようやく真核生物が誕生したようだ。地球上に細菌（と古細菌）しかいなかった時代が，20億年も続いたのである。その間，地球上にはいろいろな変化があった。

　原始地球にはまだ酸素がなかった。私たちのような現在の生物のほとんどは，酸

素を利用して日々の活動のエネルギーを得ているが，昔はそうではなく，最初に誕生した原核生物は，酸素を使わないでエネルギーを得る**嫌気性生物**であった。

　さらに，現在の植物のような「光合成生物」は，光エネルギーを利用して水（H_2O）と二酸化炭素から炭水化物を合成し，酸素を放出する**光合成**を行うが，大昔の光合成生物は，光エネルギーは使うけれども水ではなく，硫化水素（H_2S）などを利用して炭水化物を合成する光合成を行っていたため，酸素は放出していなかった（光合成で放出される酸素O_2は，水分子H_2Oに含まれる酸素原子Oに由来するからだ）。

　やがて，海水として大量に存在する水を利用して光合成を行う生物**シアノバクテリア**（藍色細菌，藍藻とも呼ばれる）が，今からおよそ27億年前に誕生した（化石が残っている）。その結果，大気中に大量の酸素が放出されるようになり，この酸素を利用して活動のエネルギーを得る**好気性生物**が誕生したのである。

　これが，真核生物誕生への布石となった。

》細胞内共生

　酸素という気体は，「両刃の剣」である。

　酸素を利用してエネルギーを得る好気性生物（私たちヒトもこれに含まれる）にとっては，酸素はエネルギーの源だ。しかしその反面，酸素は非常に反応性が高い分子であるため，さまざまな物質を酸化することにより，その物質の性質を変化させてしまう。ある一面では，そうした性質があるがゆえに，私たちの細胞で，脂質二重層を構成する脂質を酸化させたり，DNAを傷つけたりして，結果的に体を老化させてしまっているともいわれている。

　好気性生物にとってはよくても，それまで地球上で繁栄していた嫌気性生物にとってはやっかいこの上ない物質なので，シアノバクテリアの繁栄によって酸素が多くなると，嫌気性生物は，酸素から身を守ったり，酸素を〝自分も無理やり利用する〟ために好気性生物の力を借りたりするようになったと考えられている。

　あるとき，大型の嫌気性生物（古細菌の祖先）の細胞内に，小型の好気性生物（αプロテオバクテリアという細菌に近い祖先）が入り込むという**共生**関係が成立した。前者にとっては，後者が酸素を利用して作ったエネルギーをちゃっかり横取りできるというメリットがあり，後者にとっては，前者の栄養をちゃっかり横取りし，さらに自らの身を潜りこませる〝居場所〟を得られるというメリットがあった

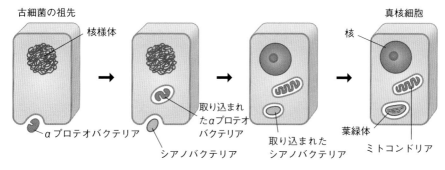

図1−9 ミトコンドリアと葉緑体の細胞内共生

のだろう。この共生関係が，やがて共生ではなく，後者が前者の一部，すなわち後者が前者の「細胞小器官」になるという進化を促し，そうして前者が真核細胞に，後者が「ミトコンドリア」に進化したと考えられている。

続いて，ミトコンドリアを持った真核細胞に（あるいはまだその好気性細菌が独立した生物としての矜持を保っていた時代かもしれないが），シアノバクテリアが入り込むという共生関係が成立したものが現れた。この共生関係は，やがて

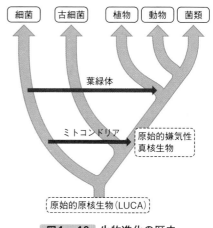

図1−10 生物進化の歴史

シアノバクテリアを「葉緑体」へと進化させていった（**図1−9**）。

こうした**細胞内共生**を経て，真核細胞が誕生したのである。ミトコンドリアと葉緑体の〝宿主〟となった大型の嫌気性生物は，古細菌の祖先でもあったと考えられている。つまり私たち真核生物は，古細菌と姉妹関係にある，というわけだ（**図1−10**）。

≫ 核の起源

と，ここまで読み進めてきて，真核細胞の名の由来となった「真の核」，つまり核の起源が語られていないことに気づかれた方も多いだろう。じつは核の起源につ

いては，あまりよくわかっていないのである。

　多くの研究者は，核の起源，つまり原核生物のDNAがどのようにして膜に包まれたのかということに関して，細胞膜の一部が内部に陥入するようにして入り込み，それによってDNAが包まれたのではないかと考えている。なぜならDNAを取り囲んで核を作り上げている膜，すなわち**核膜**は，細胞膜と同じ脂質二重層でできているからである。

　しかし，それではどのようなきっかけで細胞膜が内部に陥入したのか，どのようにしてDNAをうまく包み込むようになったのか，そして，なぜリボソームは核膜の外側（つまり細胞質）にしかないのか，などのいくつかの重要な点については，ミトコンドリアや葉緑体における細胞内共生のような多くの研究者に支持される「定説」は存在しないといってよい。だから高校の教科書にも，核については「細胞膜が陥入してできた」としか書かれていない。

　筆者は2001年に，細胞核は大型のDNAウイルスが私たちの祖先細胞に感染したことで作られたとする仮説を提唱したが，ほかにも多くの仮説が出されており，いずれも，すべてをまとめた説得力のある説へは，いまだに昇華できていない。現在の核の構造や機能については多くの研究があり，かなり細かいしくみまで明らかになりつつあるが，その進化に関してはブラックボックスのままなのである。

1-3　核と染色体

》 核の構造

　1−2節で述べた進化のプロセスからもわかるように，真核細胞は，原核細胞に比べてかなり複雑な構造をしている。

　真核細胞はそのサイズも原核細胞より大きく，一般的な真核細胞の直径は原核細胞のそれ（平均的なもので数マイクロメートル程度）の10倍以上はあり，数十マイクロメートル〜数百マイクロメートルほどもある。核という〝DNAのための部屋〟ができたことにより，裸のままであったころ（原核細胞）とは違い，DNAのコントロールが効率化してDNAの長さが長くなる余地ができ，遺伝子の数が増え，機能や構造が複雑化したためであるといえる（100人の部下を統率するのに，

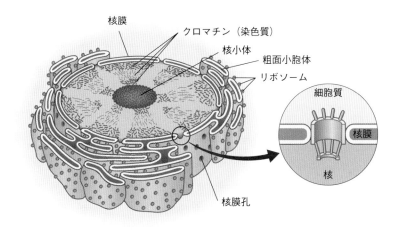

核膜
クロマチン（染色質）
核小体
粗面小胞体
リボソーム
細胞質
核膜
核
核膜孔

図1−11 核の構造

それ専用の部屋が用意されるのとされないのとでは，効率に大きな差が出るのと同じである）。

　核は，**核膜**によって細胞質から分離された大きな〝部屋〟であり，その中には，長大なDNAが収容されている。核膜は，完全に細胞質と核の内部を隔てているわけではなく，じつは無数の〝孔〟が開いており，その孔を通して物質の出入りが行われている（**図1−11**）。この無数の〝孔〟は**核膜孔**と呼ばれ，実際には〝孔〟というよりも，タンパク質が複雑に入り組んだ〝関所〟のようなものである。この〝関所〟を通して，核内から細胞質へ，細胞質から核内へと移動する物質の選別が行われている。

　DNAは，もはや一般にもすっかり有名となった「二重らせん構造」を呈している。その詳細は第2講で述べることにして，ここではそのDNAがどのようにして核内に収容されているのかを概観してみよう。

　DNAは，核内でむき出しの二重らせんで存在しているわけではない。まずDNAは，**ヒストン**と呼ばれるタンパク質と複合体を作って，核の中で整然と，コンパクトに〝収納〟されるようにして存在している。

≫ヒストンとヌクレオソーム

　ヒストンは塩基性タンパク質であり，その分子の表面には，プラス電荷が多く存

在する。一方，DNAの分子の表面にはマイナス電荷が多く存在する。したがって両者は〝相性〟がよく，お互いにくっつくことができる。こうして，DNAとヒストンの「複合体」ができあがる。

　ヒストンには，H1，H2A，H2B，H3，H4という5種類のものがあり，H1以外の4種類のヒストンが2分子ずつ，合計8分子がまとまり，**ヒストン八量体**と呼ばれる球状のタンパク質のかたまりを形成している。このヒストン八量体にDNAが2周ほど取り巻いており，さらにこれが数珠つなぎの状態になっている。このそれぞれの〝数珠の玉〟にあたるヒストン八量体とDNAの複合体を，**ヌクレオソーム**という（**図1－12**）。

　数珠という表現を使ったが，それぞれのヌクレオソームの構造を見ると，どちらかというと，ヒストン八量体はDNAという糸の〝糸巻き〟としてはたらいている，と表現したほうがしっくりくる。

　核内に収納されているDNAは，このヌクレオソーム構造が数珠のように数多くつながり，これが幾重にも重なるようにらせん状に巻き付いた構造をしている。このような構造を**クロマチン**（**染色質**）と呼ぶ。

　このような構造が形成されることによって，ヒトの場合，1つの細胞に2メートルも存在するとされるDNAが，核の中にコンパクトに収納できていると考えられている。バスケットボールほどの大きさの球に，0.2ミリメートル幅の細いヒモが200キロメートルほど収納されている，と考えていただければ，おおよそのイメージがわくだろう。DNAが核の直径に比較してどれだけ長いかがおわかりになるはずだ。それでもなお，体積比に換算すると，DNAの体積は核の体積の1％程度であるから，いかにDNAが整然と〝折りたたまれ〟て核の中に収められているかがわかる。

　なお，ヒストン八量体を形成しない残りのヒストンH1は，ヌクレオソーム構造が折りたたまれて，らせん状に集合するのに必要なタンパク質である。

　ちなみに，ヒストンは真核生物が持っているタンパク質であり，原核生物のうち細菌は持っていない。しかし，真核生物の祖先と考えられている古細菌は，ヒストンによく似たタンパク質を持っていることが知られている。また近年発見されている「巨大ウイルス」と呼ばれるウイルスの中には，真核生物のヒストンと相同性の高い独自のヒストンを持っているものも知られている。

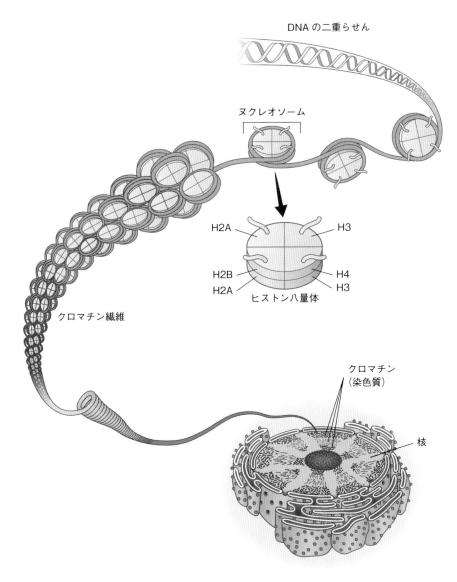

DNA の二重らせん

ヌクレオソーム

H2A
H3
H2B
H4
H2A
H3
ヒストン八量体

クロマチン繊維

クロマチン
（染色質）

核

図1－12 ヌクレオソームとクロマチン構造

≫ クロマチンと染色体

　クロマチンは，細胞が増殖していないとき，すなわち細胞が一生懸命，与えられた仕事をしているときには，核内に広がって存在しているため，通常の顕微鏡（光

学顕微鏡など）では見分けることができない。しかし，細胞が増殖（分裂）する際には，それが大きく形を変えて，通常の顕微鏡でも見分けることができるようになる。

クロマチンは，細胞分裂に先立ち，高度に「凝縮」（一本一本のそうめんを束にするような感じで，広がったクロマチンをぎゅっと束にする現象をこう呼ぶ）して，光学顕微鏡でも判別できるレベルの〝厚み〟が生まれるのだ。細胞分裂では，それに先立って核内のDNAは複製されるので，DNA量はふだんの2倍となっている。その状態でクロマチンが凝縮すると，いわゆる**染色体**の名で知られた〝X字形の物体〟が形成される。

このX字形の物体は，DNAが複製されて2倍になった状態なのであるが，じつは「染色体」という言葉は，必ずしもこのX字形の状態のみを指していう言葉ではなく，DNAが複製される前の，そして凝縮する前の，細胞核内に広がって存在する状態のクロマチン〝全体〟を指していう言葉なのである。したがって，それが複製し，凝縮してX字形の物体となった場合，「染色体」ではなく，細胞分裂をいくつかの時期に分けたその名前をとり，**中期染色体**と呼ぶのが正しい（**図1−13**）。

さて，細胞核内に広がって存在し，凝縮すると1本の太い物体となるクロマチン〝全体〟を「染色体」と呼ぶ。ヒトの体細胞（卵や精子などの生殖細胞やその基になる細胞以外の細胞）には通常，1個の細胞につき父由来の染色体が23本，母由来の染色体が23本ある（**図1−14**）。この23本のうちの22本は，父由来，母由来とも同一の染色体であり，**常染色体**と呼ばれる。この常染色体のペア（父由来と母由来）のことを**相同染色体**といい，生殖細胞が作られる「減数分裂」において重要になってくる（第4講で詳しく述べる）。

残りの1本ずつは，もし子が女の子なら，父親，母親の両方から同じ染色体を受け継いでいるが，もし男の子なら，父親と母親からはそれぞれ異なる染色体を受け継いでいる。この1本ずつの染色体は子の性を決定するため**性染色体**と呼ばれる。性染色体には**X染色体**と**Y染色体**があり，母親からはつねに「X染色体」が受け継がれるが，父親からは，母親からと同じくX染色体を受け継げば女の子になり，「Y染色体」

私たちにおなじみのX字形の染色体（中期染色体）は，細胞分裂に先立ってDNAが複製され，量が2倍になって凝縮した姿であり，通常はX字形の半分が核の中に広がっている

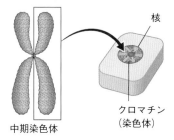

核

クロマチン（染色体）

中期染色体

図1−13 中期染色体

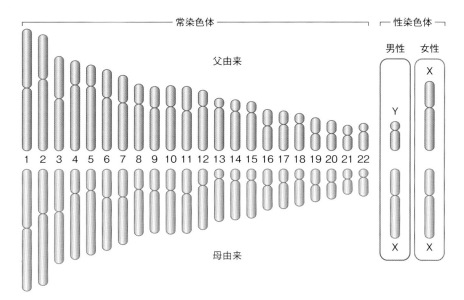

図1-14 ヒト染色体

を受け継げば男の子になる。Y染色体には「オス化遺伝子（男性化遺伝子）」とも呼ばれる遺伝子があり，これがはたらくことでオスの生殖器官等の原基が作られる。Y染色体を受け継がないとこの遺伝子はなく，その子は女の子になる。

1-4 生命のセントラルドグマ

》生物の共通性

ところで，地球上のすべての生物が保有している，共通の特徴というものがいくつかある。言うなれば，生物であれば必ず持っているであろう特徴であり，またこれらの特徴を持っていないものは生物とはいえない，というような特徴である。1-2節で述べたように，すべての生物は共通祖先から進化したものだから，そうした共通の特徴を持つのである。

そう，生物は**進化**するのである。進化のしくみが分子レベルで明らかになってくると，進化しない（進化してこなかった）生物はいないことがわかってきた。シー

ラカンスは〝生きた化石〟などと呼ばれ，3億年前から〝進化していない〟などといわれることはよくあるが，その真の意味は，ほかの生物に比べて〝進化速度がきわめて遅い〟という意味である。

　進化の分子的な基盤には**突然変異**というものがある。突然変異とは，DNAの塩基配列が不可逆的に変化することである。すべての生物は遺伝子の本体としてDNAを持ち，そのDNAに起こる突然変異はランダムに起きる。理論上，地球のどこに生息していようが，すべてのDNAに突然変異は起こり得る。このことを考えると，シーラカンスもまた，単細胞生物以来の長い進化の先に登場したわけだから，3億年もの間，突然変異をまったくしないということは考えにくい。

　すべての生物が細胞からできている，というのも生物の共通性の一つである。単細胞生物から多細胞生物に至るまで，すべての生物には細胞があり，また細胞を持っていないもの，細胞からできていないものは生物とはいえない，というのが現在の生物学上の常識であり，生物学者の共通思考であるといえる。ウイルスは細胞でできていないので，少なくとも現時点では生物であるとはいえず，特にウイルス研究者の一部（筆者など）は，生物学者のこの共通思考に反旗を翻しつつあるのだが，詳細については紙幅の都合上，成書に譲ることにしたい。

　生物の共通性といえる特徴は，ほかにもいくつかある。ここではその中でも最も重要な一つ，分子生物学の根幹に関わるものについて，主に述べることにする。

》》すべての生物は遺伝子の本体としてDNAを持つ

　先ほど，本書は最後までDNAに関わる現象を扱うことになると述べたように，DNAの重要さは，分子生物学にとっては筆舌に尽くしがたい。すべての生物が遺伝子の本体として，DNAをその細胞内に〝必ず〟持つからである。

　すべての生物がDNAを持ち，それを遺伝子として用いているということは，言ってみれば，すべての生物がお互いに何らかの関係を持ち，かつ遡っていけば，DNAを遺伝子として用い始めたある1つの生物にたどり着く可能性が高いことを意味している。繰り返しになるが，すべての生物には共通の祖先（すべての生物にとっての最後の共通祖先：last universal common ancestor：LUCA）が存在する。細菌も，古細菌も，そして私たち真核生物も，すべての生物がDNAを持っているのは，そのためである。

　ただし，すべての生物はDNAを持つが，DNAを持っていれば生物であるという

わけではない。そうした例外が，「DNA
ウイルス」である。ウイルスは細胞でで
きておらず，リボソームを持たないた
め，生物の細胞に感染し，そのリボソー
ムを利用しないと自己複製することがで
きない（**図1−15**）。そのため，たとえ遺
伝子としてDNAを保有していても，生
物とは見なされないのである。

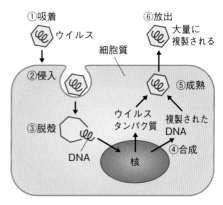

図1−15 ウイルスの生活環の例

》 **セントラルドグマ**

すべての生物が共通してDNAを持つということは，そのDNAを中心として細胞
内で繰り広げられるさまざまなしくみもまた，すべての生物が共通して持っている
ことを意味している。そうしたしくみの代表が，**セントラルドグマ**と呼ばれるもの
である（**図1−16**）。

セントラルドグマ（中心定理，中心定義などと訳す）とは，その名のとおり，生
物が共通して持っている，いわば「生物（生命）の中心定理」である。むろん，す
べての生物が共通して持っている特徴は上記のようにほかにもあるが，とりわけ
DNAを中心としたこのしくみを「セントラルドグマ」という。

具体的にいうと，「このしくみ」とは，DNAが保有している遺伝情報の「タンパ
ク質への流れ方」のことである。言い換えると，「設計図である遺伝子からどのよ
うにしてタンパク質が作られるのか」ということである。そのしくみの概要とはこ
うだ。

すべての生物は，遺伝子としてDNAを持ち，細胞から細胞へ，または親から子
へと受け継がれる（＝複製：第3講）。遺伝子とは，DNAの長い塩基配列のうち，
タンパク質の設計図となっている部分のこと（広義には，第8講で述べるRNAの

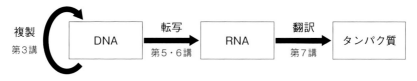

図1−16 セントラルドグマ

設計図となっている部分も含まれる）である。この遺伝子の塩基配列を基に，まずDNAとよく似た物質であるRNAが作られる（＝転写：第5講・第6講）。このとき作られるRNAの塩基配列は，遺伝子（DNA）の塩基配列と同じだ（正確には，DNAではチミンだった部分はRNAではウラシルになっている）。この，DNAの塩基配列を〝写し取られた〟RNAは，核から核膜孔を通って外の細胞質へと移行し，そこにあるリボソームにまでたどり着く。そしてリボソームにおいて，このRNAの塩基配列を基に，アミノ酸がその設計図どおりに重合（次々につながること）し，タンパク質が作られる（＝翻訳：第7講）。

　このしくみは，大腸菌やマイコプラズマなどの細菌から，私たちヒトに至るまで，すべての生物に共通のしくみである。だからこそ中心定理（セントラルドグマ）と呼ばれるのだ。

≫ ウイルスにおけるセントラルドグマ

　すべての生物は，このセントラルドグマのプロセスを自らの細胞内で独立して行う能力を持つ。それこそが，まさに生物の生物たる所以であるともいえる。それでは，生物とは見なされないウイルスはどうであろうか？

　生物とウイルスの決定的な違いは，もちろん細胞からできているかいないかという違いもあるが，やはりタンパク質を合成する粒子「リボソーム」を持つか持たないかということに尽きる。タンパク質の合成はセントラルドグマの最終過程で，リボソームがあるかないかで，それが独立して生きていけるかいけないかを決める非常に重要なポイントとなっている。さらにいうと，ウイルス粒子は細胞よりもはるかに小さく，その細胞へ感染した後，DNAを複製したりRNAを合成したりする際に用いられるヌクレオチドなどの〝材料〟は，細胞のもので賄っていることがほとんどだ。またこれらを合成するDNAポリメラーゼやRNAポリメラーゼなどの酵素の遺伝子を，自ら保有しているウイルスもいるが，そうでないウイルスもいる。基本的には，遺伝子を保有していても，その遺伝子からタンパク質を作る多くを細胞に依存しているのがウイルスだ。

　ただウイルスは，セントラルドグマのすべての過程を自らの力で遂行することはできないが，細胞のシステムを利用すればそれを行うことができる。その意味では，生物のセントラルドグマは，ウイルスにもまた，条件付きながらも適用できるといえるだろう。

コラム ❶

巨大ウイルス

　第1講を通じて述べてきた，すべての生物は細胞からできている，という考え方は，19世紀に提唱された「細胞説」に依拠している。細胞説は，ドイツのマティアス・シュライデン（1804〜1881）とテオドール・シュワン（1810〜1882）によって提唱され，ドイツのルドルフ・フィルヒョー（1821〜1902）による「Omnis cellula e cellula ＝すべての細胞は細胞から（生じる）」と形容された概念によって完成されたといわれる。それ以来，1世紀半もの長きにわたって，生物学者はこの細胞説をよりどころに「生物とは何か」を考え，細胞の解明こそが「生物とは何か」の解明への王道であると信じて研究を続けてきた，といえる。

　ところが近年，その細胞説の，完璧な一角を突き崩さんとする発見があった。「巨大ウイルス」の発見である。

　巨大ウイルスとは，生物と同じようにDNAを遺伝子として持つDNAウイルスのうち，比較的大きなサイズ（粒子，ならびにDNAの長さ）を持つものを総称した言葉である。

　2003年に発見された最初の巨大ウイルス，ミミウイルス（図1−17）は，それまでのウイルスより，粒子のサイズ，DNAの長さ，そして遺伝子の数と，いずれもが大きく，特に遺伝子の数は，最も単純な原核生物，マイコプラズマよりも2倍ほども多い。さらにミミウイルスは，それまでのウイルスにはなかった，タンパク質合成に関わる遺伝子（アミノアシルtRNA合成酵素遺伝子：第7講で出てくる）を持っていた。極めつきは，ミミウイルスに，細菌が持っているウイルス耐性メカニズムと同じしくみ（MIMIVIREと名付けられた）が備わっている，とする2016年の報告である。つまりミミウイルスには，それに感染する小さなウイルス（ヴァイロファージ）に対する〝免疫システム〟が備わっていたのだ。免疫システムを持つなど，まるで生物のようである。

　2009年に発見されたマルセイユウイル

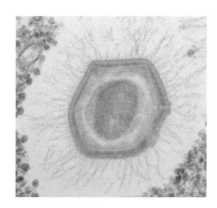

図1−17 ミミウイルス
（東京理科大学武村研究室提供）

ス（とその仲間）は，大きさはそれほど大きなものではないが，驚くべきことに，真核生物と古細菌にしかないといわれていた「ヒストン」の遺伝子が複数種類存在していた（それまでは，あっても1種類だけだった）。ただ真核生物のように，このヒストンに自らのDNAを巻き付かせ，クロマチン構造を作っているかどうかは明らかではない。

　2013年に発見されたパンドラウイルスは，粒子のサイズが1マイクロメートルほどもあり，ウイルス史上初めて，ナノメートルの世界からマイクロメートルの世界へと飛び出した。

　2018年に発見されたツパンウイルスは，ミミウイルスの遠い親戚のようなウイルスで，アミノアシルtRNA合成酵素遺伝子を20種類持っていた。生物と同じくアミノ酸数20種類に肉薄したことで，こうした巨大ウイルスが，自前で20種類のアミノ酸をタンパク質合成のために用意できる可能性が示唆された。

　2019年に筆者らが発見したメドゥーサウイルスは，大きさはマルセイユウイルス並みに小さいが，ヒストンと思われる遺伝子を真核生物と同じく5種類持つ。さらに

表1-2 巨大ウイルスと同程度の大きさの生物の比較

名称	分類	大きさ	遺伝子数	特徴
パンドラウイルス	ウイルス	1μm	2556	・ウイルスとして初めて1μmを超える
エンセファリトゾーン・クニクライ	真核生物	数十μm	1997	・最小のゲノムを持つといわれる真核生物
ツパンウイルス	ウイルス	1.2μm	1425	・タンパク質の合成に関わる20種類のアミノアシルtRNA合成酵素の遺伝子を持つ
ミミウイルス	ウイルス	750nm	979	・タンパク質の合成に関わる4種類のアミノアシルtRNA合成酵素の遺伝子を持つ ・細菌の持つウイルス耐性メカニズムと同じしくみ（MIMIVIRE）が備わる
メドゥーサウイルス	ウイルス	260nm	461	・ヒストン遺伝子を全セット（5種類）持つ
マルセイユウイルス	ウイルス	250nm	457	・ヒストン遺伝子を複数持つ
ナノアルカエウム・エクウィタンス	古細菌	400nm	536	・最小のゲノムを持つといわれる古細菌
マイコプラズマ	細菌	200〜300nm	467	・細菌だが細胞壁がない
ナスイア・デルトケファリニコラ	細菌	——	137	・最小のゲノムを持つといわれる細菌

各ウイルスにはさまざまな種類があり，上に挙げた数値は代表的な種類のもの

真核生物の起源にまで遡れるほど〝古い〟遺伝子を持っており，もしかしたら私たち真核生物の成り立ちと深く関わっているかもしれない（**表1−2**）。

　彼らはウイルスである。リボソームがないので，細胞に感染しないと自己複製できないし，たとえ翻訳用の遺伝子を持ったとしても，やはりそこからタンパク質を作るのは感染した細胞の中のみである。したがって，やはり巨大ウイルスも，現在の生物（あるいはウイルス）の定義からすれば，完全にウイルスである。

　しかしながら巨大ウイルスは，その定義を当てはめるにはあまりにも複雑であることも事実である。ウイルスのほうが，生物（最も単純なものとはいえ）よりも遺伝子の種類が多いとはどういうことか？　生物と同じように複雑なしくみ（たとえばMIMIVIRE など）を持っているとはどういうことか？

　巨大ウイルスは，「ウイルスとは何か」，そして「生物とは何か」を考え直すきっかけとなり，もしかしたら完璧なる細胞説をも乗り越える存在なのかもしれない。

第 1 講 のまとめ

1.▶　生物は「単細胞生物」と「多細胞生物」に分けられ，多くの細胞では「細胞小器官」が発達している。

2.▶　細胞の最低限の要素は，「DNA」「リボソーム」「細胞膜」を持つことであり，そのほかに細胞が活動するためのさまざまな物質が必要である。

3.▶　細胞には，細胞の中に「細胞核」を持つ「真核細胞」と，持たない「原核細胞」があり，それぞれの細胞からできる生物を「真核生物」，「原核生物」という。真核細胞には「ミトコンドリア」「葉緑体」「小胞体」などさまざまな細胞小器官が存在する。

4.▶　真核生物は，酸素を使わないでエネルギーを得る「嫌気性生物」に，小型の「好気性生物」が「細胞内共生」した結果，誕生した。

5.▶　好気性生物であるαプロテオバクテリアが細胞内共生してミトコンドリアへと進化し，光合成生物であるシアノバクテリアが細胞内共生して葉緑体へと進化した。

6.▶　真核細胞の「核膜」は，細胞膜が陥入してできたとされているが，その起源はよくわかっていない。

7.▶　核は，核膜によって細胞質から分離された大きな〝部屋〟であり，長大な

DNAが収容されている。核膜には無数の「核膜孔」があり，物質の選択的輸送が行われている。

8.▸ DNAは「ヒストン八量体」におよそ2周ほど巻き付いた「ヌクレオソーム」構造をとっており，それが無数に並んで「クロマチン」構造を形成している。

9.▸ クロマチン全体を指して「染色体」と呼ぶ。染色体は細胞分裂に先立って凝縮し，X字形の物体となり，これを「中期染色体」という。

10.▸ 染色体には，父由来，母由来とも同一の「常染色体」と，異なる「性染色体」がある。常染色体のペアのことを「相同染色体」という。

11.▸ 性染色体には「X染色体」と「Y染色体」があり，母親からはつねにX染色体が受け継がれる。父親からは，母親からと同じくX染色体を受け継げば女の子になり，Y染色体を受け継げば男の子になる。

12.▸ すべての生物は共通してDNAを持ち，その上にある遺伝子からタンパク質が作られるためにはまずRNAが転写され，その塩基配列に基づいてタンパク質が作られる。このしくみはすべての生物に共通であり，「セントラルドグマ」と呼ばれる。

DNA・遺伝子・ゲノム・タンパク質

2-1 DNAの構造と塩基の相補性

≫ 核酸の発見とDNA

　DNAは，**デオキシリボ核酸**の略称である。よく何かのコマーシャルで「DNA核酸」と表現されているものを見かけるが，「デオキシリボ核酸核酸」と言っているようなものなので，ちょっとおかしい。

　さてこの名称からもわかるとおり，DNAは「核酸」という生体高分子の一つである。核酸にはほかに**RNA（リボ核酸）**がある。その名のとおり，細胞の「核」に存在する「酸性物質」という意味で名付けられた。

　最初に核酸が発見されたのは19世紀後半のことで，正確には，最初に発見されたときはまだ「核酸」という名前はなかった。

　スイスのフリードリヒ・ミーシャー（1844〜1895）は，1869年，実験材料である白血球を近くの病院からもらいうけてきた使用済み包帯から取り出し，その核からこれまでにない性質を持った新しい物質を単離した。ミーシャーが取り出したその物質は，それまでよく知られていたタンパク質とは異なり，大量のリン（P）が含まれていた。そこで，白血球の核（nucleus）から発見されたことから，「ヌクレイン」という名前が付けられた。ミーシャーは当初，ヌクレインがリンの貯蔵タンパク質であると見なしたが，後にタンパク質とはまったく異なる物質であることが明らかとなった。

　ヌクレインは，1889年，ドイツのリヒャルト・アルトマン（1852〜1900）によって「核酸」という名に改められた。その中から1909年にはアメリカのフィーバス・レヴィーン（1869〜1940）によってRNAが，1929年には同じくレヴィーンによってDNAが，それぞれ発見された。しかしながら，これらの核酸が，細胞の中でどのような役割を果たしているのかについては，まだ明らかにはされなかった。核酸，とりわけDNAの，生物におけるきわめて重要な役割が明らかになるのは1944年のことである（その詳細については2－2節で述べる）。

≫ DNAの構造の解明

　DNAの構造が明らかになったのは，1953年のことである。この年，イギリスで発行されている著名な科学誌『ネイチャー』に，生物学史上最も重要で，歴史的な論文が掲載された。

　アメリカのジェームズ・ワトソン（1928～）と，イギリスのフランシス・クリック（1916～2004）は，DNAが二重らせん構造を呈していること，2本のDNAが，ヌクレオチドを構成する物質である**塩基**同士の相補的な相互作用を介して結び付いていること，その相補性は，アデニン（A）とチミン（T），グアニン（G）とシトシン（C）が必ず結び付くようになっていることを明らかにしたのである（**図2－1**）。

　それ以前に，アメリカのエルヴィン・シャルガフ（1905～2002）が，DNA中の4種類の塩基のうち，アデニンとチミンの量が等しく，グアニンとシトシンの量が等しいという，今でいう**シャルガフの法則**を発見していたが，ワトソンとクリックは，この法則が成立する理由を，その立体構造の観点から明らかにしたのであった。

≫ ヌクレオチド～DNAの材料～

　DNAは，**ヌクレオチド**という物質が数多く重合し，長い線状の構造となったものである。言い換えると，DNAはヌクレオチドを基本単位とする**ポリヌクレオチド**であるといえる（**図2－2**）。

　ヌクレオチドは，**リン酸**，**糖**（五炭糖），**塩基**から成る物質である。このとき，五炭糖（5つの炭素原子を基本骨格とする単糖のこと）の5つの炭素原子には番号が付け

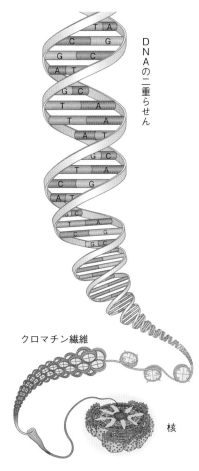

DNAの二重らせん

クロマチン繊維

核

図2－1 **DNAの二重らせん構造**

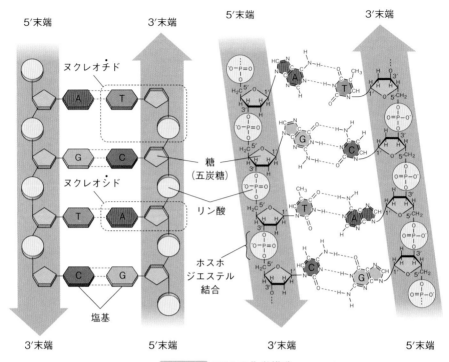

図2-2 DNAの化学構造

られており，1位（1′）の炭素，2位（2′）の炭素，などと呼ばれる。

　ヌクレオチドは，五炭糖である「デオキシリボース」の1位の炭素に「塩基」が結合し，5位の炭素に「リン酸」が結合した形をとっている。デオキシリボースと塩基の部分を**ヌクレオシド**といい，これにリン酸が結合すると「ヌクレオチド（ヌクレオシド-リン酸）」となる。重合してDNAの構成単位となる前には，リン酸は直列に3個結合した状態（ヌクレオシド三リン酸）となっており，これがDNAの中で組まれるとき，端の2個のリン酸が解離し，最も内側のリン酸だけが残り，DNAの一部となるのである。

　ヌクレオチドとヌクレオチドの結合は**ホスホジエステル結合**と呼ばれる。ヌクレオチドのデオキシリボースにおける3位の炭素には水酸基（OH基）が付いており，ホスホジエステル結合では，この水酸基と，次の新しいヌクレオチドのα位（最も内側）のリン酸基とが結合する。そのため，ヌクレオチドが重合してできたDNAは，その骨格部分（backbone）としてリン酸とデオキシリボースが交互に並び，それぞれのデオキシリボースから塩基が横に飛び出したような構造を呈することに

なる。

》塩基と塩基配列

　DNAを構成する塩基には，**アデニン，グアニン，シトシン，チミン**という4種類のものがあり，それぞれ略して**A，G，C，T**と呼ぶことが多い。この4種類がそれぞれヌクレオチドの構成成分となっており，塩基が4種類あるということは，言い換えれば，DNAを構成するヌクレオチドが4種類ある，ということでもある。

　アデニンとグアニンは，窒素原子と炭素原子から成る六員環と五員環が1つずつ合わさった「プリン環」を持つ塩基であり，これらを**プリン塩基**という。

　一方シトシンとチミンは，同じく窒素原子と炭素原子から成る六員環である「ピリミジン環」を基本とする塩基であり，これらを**ピリミジン塩基**という（**図2－3**）。

　DNAは，この4種類の塩基を持ったヌクレオチドが長く重合したものである。先ほど述べたように，1本のDNAの全体的な構造としては，リン酸とデオキシリボースが交互に並び，横に塩基が飛び出したような「櫛状」の構造を呈しているように見えるので，これを塩基の視点で見ると，DNAはこの4種類の塩基が長く連なったものである，と言い換えることができる。DNAのこうした状態を，塩基が並んでいるという意味で**塩基配列**という。この塩基配列が，遺伝子の本体としてのDNAの「はたらき」に，きわめて重要な意味を持っているのである。

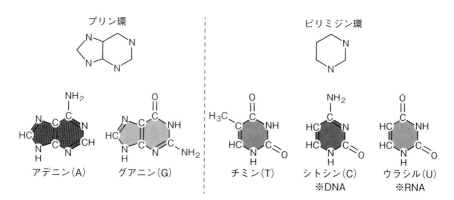

図2－3 プリン塩基とピリミジン塩基

≫ 塩基の相補性

　ワトソンとクリックのDNA二重らせんモデルには，シャルガフの法則について誰でも納得させるのに十分な，分子モデルが提示されていた。そのモデルを裏付ける重要な性質が，塩基の**相補性**である。

　アデニンとチミンは，水素結合を介してお互いに対面して結合し合うことができ，同様にグアニンとシトシン

AとT，GとC以外が
結合し合うことはない

図2−4 塩基の相補性

もまた，水素結合を介してお互いに対面して結合することができる（**図2−4**）。このとき形成される水素結合は，前者が2本で，後者が3本だ。このとき，プリン塩基とピリミジン塩基が水素結合を形成することがわかる。プリン塩基同士（アデニンとグアニン），ピリミジン塩基同士（シトシンとチミン）が水素結合を形成して結合し合うことはない（ごくたまにあるようだが）。

　一方において，プリン塩基とピリミジン塩基であっても，アデニンとシトシン，グアニンとチミンもまた，水素結合を形成して結合し合うことはない。アデニンには，チミン以外に結合する相手はおらず，それはチミンにとっても同様であり，またグアニンには，シトシン以外に結合する相手はおらず，それはシトシンにとっても同様である。それにより，アデニンとチミンの量，ならびにグアニンとシトシンの量は，それぞれ等しくなるというシャルガフの法則が成り立つのである。

　この「相補性」という性質は，DNAの「塩基配列」を考えたときにこそ，重要な意味を持つ。言い換えると，DNAが複製し，その塩基配列を再現するとき，この相補性がものをいう。塩基の相補性があるがゆえに，DNAは複製でき，その塩基配列が複製後に再現され得るからである。DNA複製については，第3講で詳しく述べる。

≫ DNAのタイプと溝

　DNAの二重らせん構造（右巻きらせん）をよく見てみると，2本のDNAがらせん状にからまりあっているからといって，隙間なくぴたりと合わさっているのではなく，2本のDNAのそれぞれの間に〝溝〟が存在することがよくわかる（**図2−5**）。

　DNAには，A型，B型，Z型という3つのタイプがあることが知られている。このうち，細胞内に存在するDNAのほとんどはB型で，塩基対はらせん軸に沿って

A型

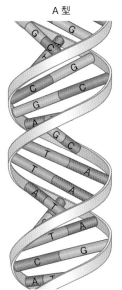

右巻き。実験室内でDNA
だけを純粋に取り出し，
水分を抜いたときにとる
形であることが知られて
いる

B型

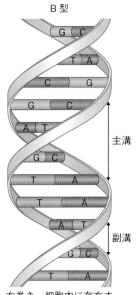

主溝

副溝

右巻き。細胞内に存在す
るほとんどのDNAがB型
構造をとると考えられて
いる。塩基対が〝はしご
段〟を形成している

Z型

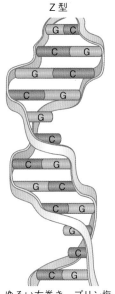

ゆるい左巻き。プリン塩
基とピリミジン塩基が交
互に現れるような塩基配
列で形成されると考えら
れている

図2－5 DNAの3タイプ

0.34ナノメートルの間隔で積み重なり，〝はしご段〟を形成している。このはしご
段は，およそ10.5塩基対で1回転するため，1回転のらせんの長さはおよそ3.6ナ
ノメートルである。この状態がB型である。

　このとき，DNAの外側に着目すると，2本のらせんの間が広い部分と狭い部分
が存在することがわかる。広い部分を**主溝**（major groove），狭い部分を**副溝**
（minor groove）という。すなわち，この溝の部分から，DNAの塩基配列が外側に
むき出しになっているのである。

　DNA結合タンパク質は，この溝（主に主溝）に沿ってDNAの塩基配列を読み取
ることができるので，あるDNA結合タンパク質は，ある決まった塩基配列だけに
結合することができる。

　なお，A型のDNAは，実験室内でDNAだけを純粋に取り出し，水分を抜いたと
きにとる形であることが知られており，またDNAとRNAが二本鎖を形成するとき
には，A型をとることが知られている。この場合，らせんは11塩基対で1回転す

第2講 DNA・遺伝子・ゲノム・タンパク質

る。

　またＺ型のDNAは，Ａ型やＢ型と違って「左巻きらせん」であり，プリン塩基とピリミジン塩基が交互に現れるような塩基配列のときに形成されると考えられている。

　ただ，Ａ型とＺ型が，細胞内で実際にとられている形かどうかは明らかにはなっていない。

2-2　遺伝子とは何か

》遺伝の染色体説

　オーストリアのグレゴール・ヨハン・メンデル（1822〜1884）によって発見された**遺伝**の法則（第４講に出てくる）が，メンデルが生きているときには見向きもされず，その死後，1900年に３人の生物学者によって〝再発見〟された，というのは有名な話である。

　そうして，細胞の中にあり，「遺伝」に関わっている何らかの物体，すなわち今でいう**遺伝子**にあたるものが存在することは，20世紀初頭には予想されていたが，その実体は，20世紀も半ばになるまでは明確にはならなかった。

　その中で，まずは遺伝子がどこに存在するのかについて，研究者たちはその解明に情熱を注いだといえるが，じつのところその情熱は，遺伝の法則の〝再発見〟より前の，「染色体」の発見からすでに結実し始めていたといえるだろう。

　DNAとヒストンから成る「クロマチン」の〝全体〟を「染色体」と呼び，DNAの複製後に細胞分裂に先立ち凝縮し，それによって厚みを増して，光学顕微鏡で十分観察可能な〝X字形の物体〟となった構造を「中期染色体」と呼び習わす，ということはすでに１−３節で述べた。染色体は1842年，スイスのカール・ヴィルヘルム・ネーゲリ（1817〜1891）によって初めて観察されたものであり，後にドイツのワルダイエル（1836〜1921）により1888年，ギリシャ語で「染色される物体（colored body）」を意味する「染色体（chromosome）」と名付けられた。

　アメリカのウォルター・サットン（1877〜1916）は，この染色体上に遺伝子が存在するという「遺伝の染色体説」を1902年に提唱し，さらにアメリカのトーマ

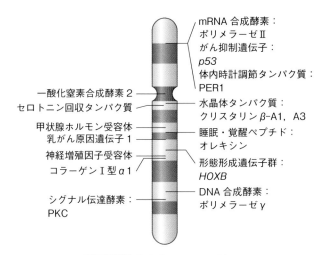

mRNA 合成酵素：
ポリメラーゼⅡ
がん抑制遺伝子：
p53
体内時計調節タンパク質：
PER1

一酸化窒素合成酵素 2
セロトニン回収タンパク質

水晶体タンパク質：
クリスタリン *β*-A1，A3

甲状腺ホルモン受容体
乳がん原因遺伝子 1

睡眠・覚醒ペプチド：
オレキシン

神経増殖因子受容体
コラーゲンⅠ型 *α* 1

形態形成遺伝子群：
HOXB

シグナル伝達酵素：
PKC

DNA 合成酵素：
ポリメラーゼ γ

図2−6 染色体上に並ぶ遺伝子

（ヒト 17 番染色体の場合。文部科学省監修「ヒトゲノムマップ」より）

ス・モーガン（1866〜1945）は，キイロショウジョウバエを用いた研究によって，その染色体地図（凝縮した染色体のどの位置にどの遺伝子が存在しているかを表したもの）の作成に成功した。これによりモーガンは，遺伝子が染色体上に一列に配列していることを明らかにし，サットンによる遺伝の染色体説を証明した（**図2−6**）。

》遺伝子の本体はDNA

20世紀の中葉にさしかかると，遺伝子とタンパク質との関係が徐々に明らかになっていく。

ビードル（1903〜1989）とテータム（1909〜1975）は，アカパンカビというカビの変異体（栄養要求性突然変異株）を用いて，1つの遺伝子が1つの酵素を〝支配〟するという「一遺伝子一酵素説」を提唱し，その後，遺伝子の化学的実体が徐々に明らかにされていった。栄養要求性突然変異株というのは，ある遺伝子に生じた突然変異によって，栄養物質の一つを代謝することができなくなり，その代謝産物を培地に加えないと育たなくなった変異体のことである。そうした突然変異遺伝子がいくつかあり，それぞれの遺伝子が，それぞれ代謝を行う1つの酵素の設計図になっている，ということが明らかとなったのだ。ただし，現在では1つの遺伝

子が1つの酵素のみを〝支配〟しているわけではないことがわかっている。

　遺伝子は，その本体がDNAであることが今ではわかっているが，20世紀前半から中葉における考え方の中で，遺伝子の本体として最も有力な候補は「タンパク質」であった。エルヴィン・シュレディンガーのような高名な科学者もこうした考えを支持していたが，これに異を唱える画期的な論文を発表したのが，アメリカのオズワルド・エイヴリー（1877〜1955）であった。

　1928年，イギリスのフレデリック・グリフィス（1879〜1941）は，肺炎双球菌（肺炎球菌）と呼ばれる肺炎の原因となる細菌のうち，R型菌がS型菌へと**形質転換**する現象を発見した（**図2−7**）。R型菌とは，感染しても肺炎を発症しないいわゆる「病原性のない」細菌であり，S型菌は病原性のある細菌である。「形質転換する」ということは，すなわちその生物が持つ性質（形質）が変化するということだから，この性質を変える物質を見つければ，それが「遺伝子」である，ということになる。

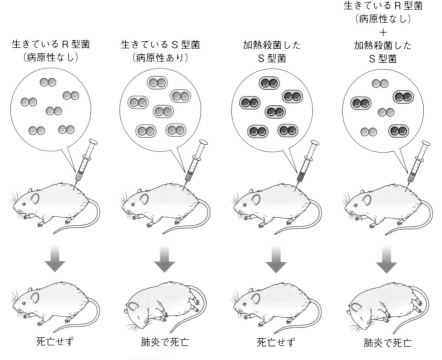

図2−7 グリフィスの形質転換実験

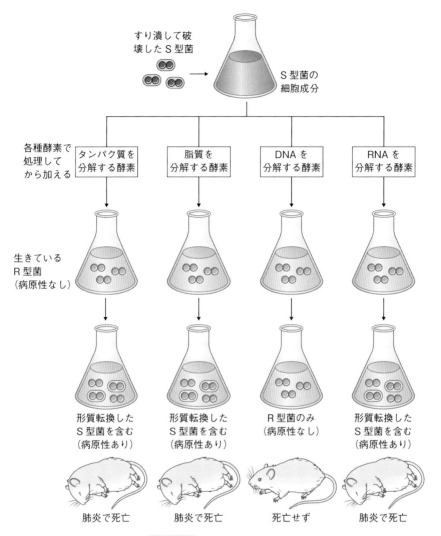

図2−8 エイヴリーの実験

　エイヴリーは，この形質転換実験を応用し，次のような実験を行った。まず，S型菌を溶菌した後，そこに各種の生体高分子（タンパク質，脂質，DNA，RNA）の分解酵素を反応させ，どの場合にR型菌のS型菌への形質転換が起こらなくなるかを調べた。その結果，タンパク質を分解する酵素やRNAを分解する酵素，脂質を分解する酵素を反応させても形質転換能力は残っていたが，DNAを分解する酵素を反応させた場合のみ，形質転換能力が失われることがわかった（**図2−8**）。

　R型菌をS型菌へと形質転換させる能力，すなわち「遺伝子としてのはたらき」は，DNAが持っていることが明らかとなったのである。この論文が発表されたのが1944年。ミーシャーが発見した「ヌクレイン」（核酸）の生物学的役割が明らかにされた瞬間であった。

≫ハーシーとチェイスの実験

　しかしながらエイヴリーの実験結果には，タンパク質分解酵素と反応させても形質転換能力が残っていたのは，形質転換に必要なタンパク質そのものは分解されなかったためである，などの反駁があったとされる。こうした実験の場合，分解され損ねたものの存在を否定することは難しい。つまり，遺伝子の本体がDNAであることに対する，完全な証明とはならなかったということであり，その完全証明には，そうした反駁をもはねのける，さらなる画期的な実験結果を待つ必要があった。

　それを成し遂げたのがアメリカのアルフレッド・ハーシー（1908〜1997）とマーサ・チェイス（1927〜2003）である。彼らは，当時研究の全盛期を迎えようとしていた細菌に感染するウイルス「バクテリオファージ」を用いて，親のバクテリオファージから子のバクテリオファージへと受け継がれる物質が，はたしてタンパク質なのかDNAなのかを確かめるための実験を行った。手法はいたって簡単なもので，バクテリオファージのDNAをリンの放射性同位元素^{32}Pで標識し，タンパク質を硫黄の放射性同位元素^{35}Sで標識したうえで，このバクテリオファージを細菌に感染させ，遠心分離後の上清（ファージの殻）と沈殿（細菌）のいずれにこれらの放射性同位元素が受け継がれているかを確かめたのである（**図2−9**）。

　その結果，ファージの殻のタンパク質には^{35}Sが標識されており，沈殿した細菌のほうに^{32}Pが標識されていた。その後，この沈殿した細菌から大量の子ファージが作られることがわかり，このことは，親ファージのDNAが子ファージへと受け継がれたことを意味していた。

　この実験によって，エイヴリーにより確かめられた「遺伝子の本体はDNAである」ことが，確実に証明された。1952年のことであった（**表2−1**）。

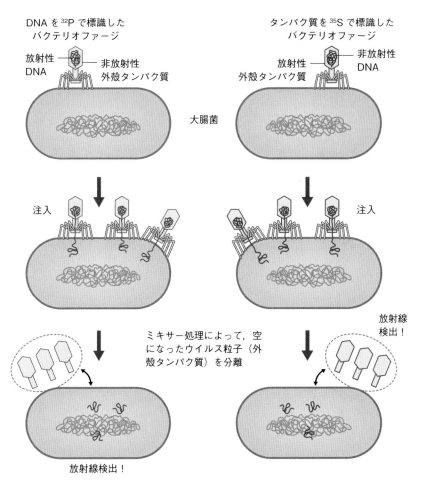

DNAを³²Pで標識した
バクテリオファージ

放射性 ── 非放射性
DNA ── 外殻タンパク質

タンパク質を³⁵Sで標識した
バクテリオファージ

非放射性
放射性 ── DNA
外殻タンパク質

大腸菌

注入

注入

放射線
検出！

ミキサー処理によって，空
になったウイルス粒子（外
殻タンパク質）を分離

放射線検出！

図2-9 ハーシーとチェイスの実験

》 遺伝子とは何か

それでは，そもそも**遺伝子**とは何だろうか？

遺伝子とは，細胞・個体を問わず親から子へと世代を通じて伝わるものであり，DNAのうち，タンパク質もしくはRNAの〝設計図〟となっている塩基配列である。

狭義における「遺伝子」は，タンパク質の〝設計図〟となっている塩基配列であるが，広義には，タンパク質には翻訳されず自ら機能を発揮するようなRNA（ノンコーディングRNAという。主に第8講で扱う）の〝設計図〟となっている塩基

表2-1 核酸の発見から遺伝子の証明まで

年（西暦）	研究者名	研究成果
1865年	G・J・メンデル（オーストリア）	「メンデルの法則」発表
1869年	F・ミーシャー（スイス）	白血球からヌクレイン（後の核酸）を発見
1889年	R・アルトマン（ドイツ）	ヌクレインからタンパク質を除去して，核酸と名付ける
1902年	W・サットン（アメリカ）	「遺伝の染色体説」で，染色体上に遺伝子が存在すると説く
1909年	P・レヴィーン（アメリカ）	RNAの発見
1913年	T・モーガン（アメリカ）	弟子のスターテバントとともに，キイロショウジョウバエの染色体地図を作成
1928年	F・グリフィス（イギリス）	形質転換の現象を発見（グリフィスの実験）
1929年	P・レヴィーン（アメリカ）	DNAの発見
1944年	O・エイヴリー（アメリカ）	遺伝子の本体がタンパク質でなく，DNAであることの証明（エイヴリーの実験）
1950年	E・シャルガフ（アメリカ）	DNA中の塩基，アデニンとチミン，グアニンとシトシンが等量であることを発見（シャルガフの法則）
1952年	A・ハーシー（アメリカ） M・チェイス（アメリカ）	遺伝子の本体がDNAであることを確実にした（ハーシーとチェイスの実験）
1953年	J・ワトソン（アメリカ） F・クリック（イギリス）	DNAの二重らせん構造を解明

遺伝子の定義	狭義	タンパク質の〝設計図〟となっているDNAの塩基配列
	広義	タンパク質もしくはRNAの〝設計図〟となっているDNAの塩基配列

図2-10 遺伝子の定義

配列も，「遺伝子」の一部として含まれる（**図2-10**）。しかし本書では，特に断らない限り，「遺伝子」といえばタンパク質の〝設計図〟となっている塩基配列を指すものとする。

≫ 遺伝子はタンパク質のアミノ酸配列をコードする

　タンパク質は，三大栄養素の一つとして知られる生体高分子である。卵や牛乳，肉，大豆などに多く含まれ，生物の構造と機能の中心となってはたらく物質だ。タンパク質は**アミノ酸**と呼ばれる低分子の有機化合物が，**ペプチド結合**と呼ばれる結合によって長く結び付いてできる。アミノ酸といえば，まず旨み成分として有名な「グルタミン酸」を思い浮かべられることだろう。

　タンパク質を構成するアミノ酸には20種類のものがある。その名前のとおり，**アミノ基**（$-NH_2$）という部分と，酸としての性質を持つ**カルボキシ基**（$-COOH$）という部分があり，これらの部分はすべてのアミノ酸に共通しているが，**側鎖**と呼ばれる部分は，20種類のアミノ酸のそれぞれで異なっている。グルタミン酸も，この20種類の中の一つだ（**図2－11，図2－12**）。

　先ほども述べたように，タンパク質は，このアミノ酸が長く結び付いてできる。できた1本の〝鎖〟を**ポリペプチド**（あるいはポリペプチド鎖）と呼ぶ。このポリペプチドがある特定の形に折りたたまれることで，「タンパク質」と呼ばれる，ある特定の機能を有する状態となる。このとき，アミノ酸が結び付いた結果，アミノ酸の側鎖がどのような順番で並んでいるかで，それらの相互作用によってポリペプ

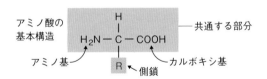

図2－11 アミノ酸の基本構造とペプチド結合

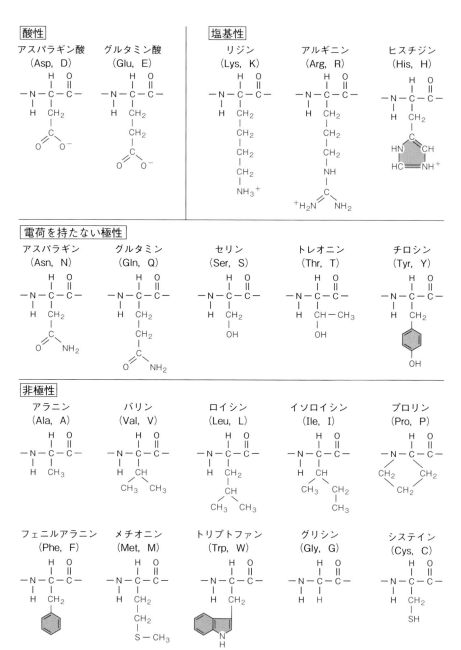

図2-12 タンパク質を構成する20種類のアミノ酸

チドは複雑に折れ曲がり，折りたたまれ方が異なることになる。つまり，20種類のアミノ酸の順番ならびにその数が，タンパク質の形ならびに性質を決めるのである。このアミノ酸が並んだものを**アミノ酸配列**という。正しい機能を持った正常なタンパク質が作られるためには，アミノ酸配列がいかに正確に作られるかが，最も重要なポイントとなるのである。

　遺伝子はタンパク質の〝設計図〟である，という言い方を正確に言い換えると，遺伝子はタンパク質のアミノ酸配列を指定（**コード**）するDNAの塩基配列である，ということができる。その塩基配列には，どのアミノ酸をどのような順番で，どれだけつなげるかの情報が含まれている。このとき，3つの塩基の配列が1つのアミノ酸をコードする〝暗号〟となっており（**図2－13**），この「3つの塩基」を単位とする塩基配列が，それがコードするアミノ酸配列の長さだけ，一つながりになっているのが遺伝子なのである。

　DNAを本体とする遺伝子は，まずRNAに転写される。こうして転写されたRNAを**mRNA**（**メッセンジャーRNA**）という。mRNAの塩基配列は，DNAである遺伝子の塩基配列をそのまま再現したものである（ただし，RNAではシトシン〈C〉がウラシル〈U〉に替わる）。このmRNAが，タンパク質を合成する装置である「リボソーム」へと運ばれ，そこで〝暗号〟が解読され，その暗号のとおりの順番にアミノ酸が結合し，タンパク質が作られるのである。

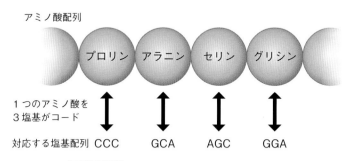

図2－13 アミノ酸配列をコードする塩基配列

2-3 タンパク質とアミノ酸

≫ タンパク質はアミノ酸からできている

　2−2節で述べたように，**タンパク質**は，20種類のアミノ酸がさまざまな順番で重合してできる生体高分子であり，その順番と数が，タンパク質の種類を決めていることになる。

　ヒトのタンパク質のうち最も小さいタンパク質の一つは「インスリン」である。インスリンは，21個のアミノ酸から成る「ポリペプチド」（比較的アミノ酸の数が少ないものをペプチドと呼ぶ）と，30個のアミノ酸から成るポリペプチドから成る（**図2−14**）。膵臓から分泌されるホルモンとして知られ，血糖値の調節に重要な役割を果たしている。

　一方，ヒトのタンパク質のうち最大のものは「タイチン（コネクチン)」である。このタンパク質は，筋肉の収縮に関わるタンパク質で，筋原線維の一つであるミオシンフィラメントを固定する役割を果たしている。これがないと，筋肉は収縮することができない。タイチンは分子量が380万もあり，構成するアミノ酸の数はゆう

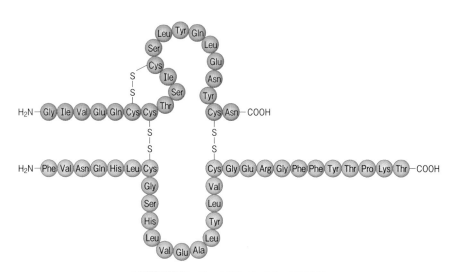

図2−14 インスリンのアミノ酸配列

に3万5000個以上にも及ぶ。タイチンという名前は，ギリシャ神話に出てくる巨大神族タイタンに由来する。

また，ヒトの体内に最も大量に存在するタンパク質は「コラーゲン」である。細胞と細胞を結び付ける結合組織の主成分であり，全身にくまなく存在するため，その量は，全タンパク質の3割にも達する。

いずれにせよ，タンパク質の大小を問わず，すべてのタンパク質はアミノ酸の重合物である。アミノ酸同士がペプチド結合によって結び付き，長く連なったうえで，適度な状態に折りたたまれたものがタンパク質である。折りたたまれ方には法則性があり，これについては後述する。

≫ アミノ酸の構造

20種類のアミノ酸はすべて，1個の炭素原子に，水素，アミノ基，カルボキシ基が結合しているという，共通した構造を持つ（図2−11参照）。ところが，炭素原子は4つの原子と共有結合を形成できるから，あと1つ余裕がある。その炭素原子の残り1つの〝手〟には，アミノ酸によって異なる部分，すなわち「側鎖」が結合する。この側鎖の種類によって，アミノ酸の種類が決まる。アミノ酸が20種類あるということは，この側鎖が20種類ある，ということでもある（図2−12参照）。

アミノ基は，水溶液中ではプラス電荷を帯びた「$-NH^{3+}$」になり，一方カルボキシ基は，水溶液中ではマイナス電荷を帯びた「$-COO^-$」になる。

したがって，アミノ酸同士が近づくと，お互いのアミノ基とカルボキシ基で引き付け合うことになる。引き付け合った部分を仲立ちにして，アミノ酸が長く1列につながることができる。ただ，実際にはアミノ酸を溶液中で混ぜても，1列につながることはなく，触媒としてはたらく酵素が存在しないと，アミノ酸はつながらない。これを触媒する酵素は，タンパク質を合成する粒子「リボソーム」の中に存在する，**rRNA**（**リボソームRNA**）というRNAである（第7講で詳しく扱う）。

≫ 一次構造から二次構造へ

タンパク質は，ある一定の法則性を持って，アミノ酸の長い重合物，すなわちポリペプチドが折りたたまれたものである。その法則性とは，段階を踏んだ，ある意味ではわかりやすいものである。第一に，アミノ酸が長くつながった段階，第二

に，ある一定の小さな構造ができあがった段階，第三に，大きく折りたたまれるという段階。そして第四に，大きく折りたたまれたポリペプチドがさらにいくつか集合するという，より複雑な段階。これらの段階で作られるものを，一次構造，二次構造，三次構造，そして四次構造と呼ぶのである。

　一次構造は，アミノ酸が長くつながったポリペプチドの段階であるから，長いヒモ，いわば一次元的な段階である。次に，この長いヒモの一部分が，ちょっとした立体構造をとるようになる。ある部分がねじれてらせん状になったり，別の部分が電熱線のように折りたたまれて，二次元的な平面構造を呈したりする。前者のようならせん構造を**α－ヘリックス構造**，後者のような平面構造を**β－シート構造**といい，こうした立体構造を**二次構造**という（図2－15）。

　一次構造における20種類のアミノ酸の並び方がどのようなものであるかによって，長いポリペプチド鎖のどこにどれだけα－ヘリックスができるか，β－シートができるかが異なる。これらの構造は，アミノ酸同士がつながった「ペプチド結合」の部分に存在する酸素原子（O）と水素原子（H）が，やや離れた位置にある別のペプチド結合の酸素原子や水素原子と水素結合を形成することによって生じる。

　なお，アミノ基とカルボキシ基を持ったアミノ酸がペプチド結合によりポリペプチドの一部となったときには，それはもはやアミノ酸ではなくなっている（酸としてのはたらきを失っているから）。したがって，ポリペプチドの中に組み込まれた〝元アミノ酸〟は，**アミノ酸残基**と呼ばれる。

》 三次構造

　このように，いってみれば二次構造は，ポリペプチドの長いヒモのところどころがねじれたり，束になったりしている状態だ。これだけでは，一定の機能を有する〝タンパク質〟とはならない。この，部分的にねじれたり束になったりした長いヒモが，さらに小さく折りたたまれることが重要である。もちろん，コラーゲンなどのように，長いヒモ状のままで機能を有している場合もあるが，大部分のタンパク質には，コンパクトな「折りたたまれ」が行われる。こうして初めて，そのポリペプチドは〝タンパク質〟として，堂々と機能を有するものへと昇華する。この状態を**三次構造**という（図2－16）。

　この折りたたまれ方は，単にぐちゃぐちゃとなった状態ではなく，これもまたきちんとした法則にのっとり，そのタンパク質特有の折りたたまれ方となる。二次構

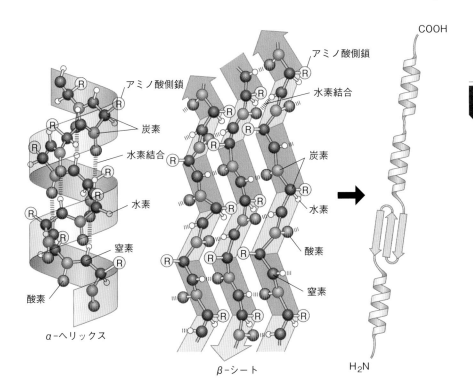

図2－15 タンパク質の二次構造（α－ヘリックスとβ－シート）

造が，ペプチド結合間の水素結合であるなら，三次構造は，それぞれのアミノ酸残基の側鎖同士の相互作用により作られる。その相互作用は，水素結合である場合もあれば，疎水結合である場合，静電的結合である場合，そしてジスルフィド結合などの共有結合である場合など，さまざまなものがある。

　いったん折りたたまれたタンパク質は，通常はその状態のままで機能を発揮する。しかし，何らかの外的要因によって，この折りたたみが崩れ，元のヒモ状に戻ったり，まったく異なる折りたたまれ方に変化してしまったりする場合がある。これをタンパク質の**変性**といい，ほとんどの場合，変性したタンパク質は元には戻らず，それが酵素であれば**失活**と呼ばれる活性を失った状態となる。目玉焼きをつくるときの卵白の白濁化が，最も身近な例であろう。

　ただし，タンパク質によっては，変性した状態を元に戻す〝介添え役〟がいる場合がある。この介添え役は，それ自体もまたタンパク質で，**分子シャペロン**もしくは**シャペロンタンパク質**などという。分子シャペロンは，リボソームで最初にタン

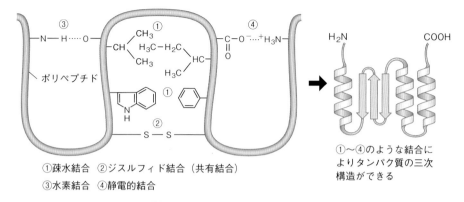

①疎水結合　②ジスルフィド結合（共有結合）
③水素結合　④静電的結合

図2−16 タンパク質の三次構造

パク質が合成される際にも，粗面小胞体などではたらき，できたてのポリペプチドをうまく三次構造に仕上げるのに役立っていると考えられている（分子シャペロンについては7−3節で述べる）。

》四次構造とサブユニット

　機能を有するタンパク質の基本は三次構造だが，中には，非常に複雑な化学反応を触媒するタンパク質で，1個のポリペプチドだけではなく，複数のポリペプチドを動員して，いっしょになって機能を発揮するようなタンパク質もある。たとえば，本項の最初に紹介した「インスリン」もそうである。21個のアミノ酸から成るポリペプチドと，30個のアミノ酸から成るポリペプチドから成る，と述べたが，このそれぞれのポリペプチドが，きちんとした三次構造を呈しており，それが2つ合わさって，インスリンとしての機能を発揮するのである。この，三次構造を呈したポリペプチドが複数集まって形成された状態を**四次構造**といい，四次構造を形成した状態のそれぞれのポリペプチドを**サブユニット**という。

　特に複雑な化学反応であるDNAの複製やmRNAの転写などでは，数種類から十数種類ものサブユニットから成るタンパク質が機能を発揮している場合がある。特にmRNAの転写を行う酵素である「RNAポリメラーゼⅡ」は，12種類ものサブユニットから成る巨大なタンパク質である。

　教科書的に有名な例として，私たちの赤血球の中にあり，酸素運搬に関わるヘモグロビンを構成するタンパク質「グロビン」が挙げられる（**図2−17**）。ヘモグロビ

ンは，αグロビン，βグロビンという2種類のサブユニットが2個ずつ寄り集まり，4個のサブユニットからできている。**鎌状赤血球症**という貧血を主症状とする病気は，このうちβグロビンの遺伝子の突然変異により，ポリペプチドを構成するアミノ酸残基のたった1個（グルタミン酸）が別のアミノ酸（バリン）に変化した結果，その三次構造が異常となり，ヘモグロビンが重合してしまい，赤血球がうまくはたらかなくなる病気である（**図2−18**）。

　この例にあるように，タンパク質にとってアミノ酸配列というのは，その機能を左右するきわめて重要な要素である。鎌状赤血球症のように，たった1個のアミノ酸残基の別のアミノ酸残基への「置換」でタンパク質全体の構造（三次構造，四次構造）が変化することが致命的な結果をもたらすことがあるのである*1。

　ただ，アミノ酸残基のすべてがそのように重要であるというわけではなく，中には別のものに置換してもタンパク質そのものの機能には影響を与えない場合もある。さらに，狂牛病（牛海綿状脳症，BSE）の原因として知られるプリオンタンパク質のように，正常型と異常型で二次構造と三次構造が異なるが，じつはアミノ酸配列の変化は起こしていないようなものもある。

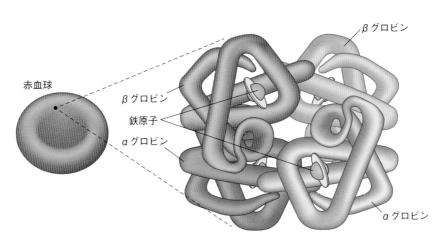

図2−17 タンパク質の四次構造（ヘモグロビン）

MEMO

*1 **ハンチントン病**（タンパク質の機能異常）不随意の舞踏運動，精神症状，行動異常，認知障害などを特徴とする遺伝性神経疾患。ハンチンチンという巨大タンパク質をコードする遺伝子の第1エキソンに存在するCAGリピートの伸長により，タンパク質内のポリグルタミン鎖が伸長してタンパク質がうまく機能しなくなることが原因と考えられているが，それがさまざまな症状にどう結び付くのかは未解明である。

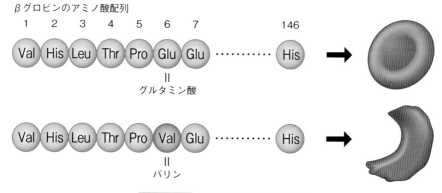

βグロビンのアミノ酸配列

図2-18 鎌状赤血球とその原因
βグロビンの6番目のグルタミン酸がバリンに
置換されるだけで赤血球が鎌状になる

2-4 ゲノムとゲノムプロジェクト

》ゲノム

　私たちのような有性生殖生物では，父親の精子と，母親の卵が受精して受精卵となる。したがって，その子孫の細胞である私たちの体には，父親の「情報」と母親の「情報」がそれぞれ半分ずつ含まれていることになる。このそれぞれの情報の本体がDNAであり，その1セットが**ゲノム**である。

　このゲノムという言葉は，ドイツのハンス・ヴィンクラー（1877〜1945）により，配偶子が持つ染色体（のすべて）を定義するものとして1920年代に作られた言葉であるが，後に木原均（1893〜1986）により，生物に最小限必要な遺伝子のセットとして定義された。これが，先ほどの「情報」である。染色体でいうと，ヒトの場合，ゲノムは常染色体22本分と，性染色体1本分（男性の場合はX，Yの2本分）ということになるため，正確には，女性が持つゲノムと男性が持つゲノムは若干異なっているということになる（男性のほうが，Y染色体がある分，ほんの少しだけ情報量が多い）。

　ただし，これは核の中にある**核ゲノム**と呼ぶべきものの話である。

　1-2節で述べたとおり，私たち真核生物の細胞内に存在するミトコンドリアと，

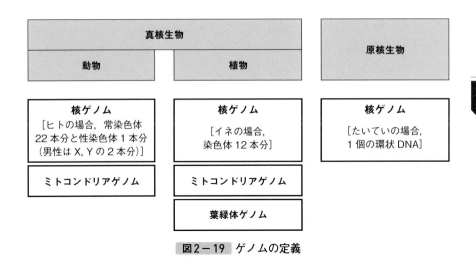

図2−19 ゲノムの定義

植物の細胞内に存在する葉緑体は，それぞれ元は独立した細菌であったため，かつて細菌だったころには独立して使っていたであろう独自のDNAを，いまだに保有していることが知られている。これらを**ミトコンドリアゲノム**，**葉緑体ゲノム**という。

　したがって，動物の場合は核ゲノムとミトコンドリアゲノムを合わせたもの，そして植物の場合は核ゲノム，ミトコンドリアゲノム，葉緑体ゲノムを合わせたものが，それぞれのゲノムであるともいえる。

　もちろんこれは，私たちのような真核生物の場合であって，原核生物の場合，その細胞内にはゲノムが1セットのみ存在し，往々にしてそれは1個の環状DNAである **（図2−19）**。

》**ゲノムサイズ**

　原核生物であれ真核生物であれ，また単細胞生物であれ多細胞生物であれ，地球上の生物はすべて，それぞれ独自のゲノムを持っている。いわば，ゲノムが多様であるからこそ，さまざまな生物種が生み出されている，といってもよい。この生物多様性を示す指標の一つが，ゲノムサイズである。**ゲノムサイズ**とはゲノムの大きさであり，DNAの塩基対総数で表すことができる。塩基対とは，相補性によって水素結合のペアとなる，A・TペアならびにG・Cペアのことを指す。生物の種類によってゲノムサイズは異なる。

　なお，塩基対は英語でbase pairsなので，**bps**と表す。最後のsは省略して**bp**と表記することも多い。また，1000を意味するキロ（k），100万を意味するメガ（M）を付ける場合はpも省略し，**kb**，**Mb**などと表記することが多い。

　たとえば，私たちヒトのゲノムサイズはおよそ32億5400万塩基対（3254Mb）で，大腸菌のゲノムサイズはおよそ500万塩基対（5Mb）である。トウモロコシは23億塩基対（2300Mb）だが，同じ植物であるシロイヌナズナはわずか1億1500万塩基対（115Mb）である。

　これまで知られている生物の中で最もゲノムサイズが大きいのは，アメーバの一種で，6000億塩基対（600,000Mb）以上もの長大なゲノムを持つといわれる（確定的ではない）。「単細胞」という言葉は罵詈雑言の類いとしても有名だが，じつは単細胞生物のほうが多細胞生物の細胞よりもいろんな意味で複雑だったりする。したがって，アメーバが単細胞生物であるからといって，私たち多細胞生物よりもゲノムサイズが小さいと考えるのは早計だ，ということがわかる。

　さらにゲノムサイズと遺伝子の数との間にも相関関係があるわけではない。たとえば私たちヒトと魚の一種トラフグは，どちらも遺伝子数が2万程度であるが，ヒトのゲノムサイズが3254Mbであるのに対して，トラフグのゲノムサイズはわずかに3億6500万塩基対（365Mb）程度である。要するに，生物もいろいろ，ゲノムもいろいろ，というわけだ（**表2−2**）。

》**ゲノムを知ることの重要性**

　ゲノムサイズと遺伝子数との関連性は乏しく，ヒトとトラフグのように，ある2つの生物種を比べて，ゲノムサイズが何倍も違っていても，遺伝子数にはそれほど差がないという事例が数多く存在することがわかる。

　このことが意味することは単純である。ゲノム中のすべてのDNAの塩基配列が，必ずしもタンパク質のアミノ酸配列をコードする遺伝子であるとは限らない，ということであり，むしろそうした，タンパク質のアミノ酸配列をコードしない遺伝子部分が，ゲノムサイズに大きく関わっていることを示している。

　したがって，生物種のDNAを，その意味するところを中心に研究しようとするとき，タンパク質のアミノ酸配列をコードする遺伝子部分だけに着目するのではなく，生物というものがゲノム全体の性質が現れたものであるというふうに考え，研究する必要がある。そのために，個々の遺伝子のみにターゲットを絞るのではな

表2−2 ゲノムサイズと遺伝子数

分類	名称	ゲノムサイズ	遺伝子数
ウイルス	バクテリオファージφX-174	5386bp	10
	A型インフルエンザウイルス	1万3590bp	10
	ミミウイルス	120万bp	979
細菌	肺炎マイコプラズマ	80万bp	680
	シアノバクテリア	400万bp	4003
	大腸菌	500万bp	4377
古細菌	ナノアルカエウム・エクウィタンス	50万bp	552
	メタノコックス	160万bp	1783
	アルカエグロブス	210万bp	2437
原生生物	ポリカオス・ドゥビウム（アメーバ）	6000億bp以上？	？
菌類	出芽酵母	1250万bp	5770
	コウジ菌	3800万bp	約1万2000
植物	シロイヌナズナ	1億1500万bp	2万5498
	イネ	3億7100万bp	約3万2000
	トウモロコシ	23億bp	約3万2000
動物	線虫	1億bp	1万9099
	キイロショウジョウバエ	1億2200万bp	1万3472
	トラフグ	3億6500万bp	約2万1000
	ニワトリ	10億500万bp	約1万5000
	ゼブラフィッシュ	15億500万bp	1万9929
	ヒト	32億5400万bp	2万1306

（Lesk著，坊農秀雅監訳『ゲノミクス』などを参考に作成。ヒトゲノムの遺伝子数は米ジョンズ・ホプキンス大学のスティーブン・サルツバーグ教授らの発表〈2018年〉による）

く，ゲノム全体を網羅的に解析する重要性が明らかとなってきたのである。

　このような要請に応え，さまざまな生物のゲノムを〝解読〟，すなわち全塩基配列を決定しようとするプロジェクトが世界中で立ち上がった。農業生物資源研究所が中心となった国際ゲノムプロジェクトでは，2004年にイネゲノムの全塩基配列が解読された。

　アメリカ，イギリス，日本，フランス，ドイツ，中国が参加したヒトゲノムの国際共同プロジェクトでは，2003年にヒトゲノムの全塩基配列の解読を完了した。これにより病気の原因究明，治療法の開発が大きく後押しされることになった。最も多くを解読したのはアメリカで，全体の59％，ついでイギリスの31％，その次

が日本の6％（11番染色体，21番染色体など）であった。

　ゲノムの全塩基配列が明らかになることにより，その生物のゲノムとほかの生物のゲノムを比較することが可能となり，たとえば染色体の相同領域などが明らかになれば，生物種間の系統関係や進化の過程が明らかになることが期待できる。多くの生物のゲノムに共通した，まだ機能が未解明の配列が発見されれば，それが生物共通の機能を知るための手がかりとなるかもしれない。このような研究を**比較ゲノム学**，あるいは**比較ゲノミクス**という。

≫ヒトゲノムプロジェクトの結果から明らかとなったこと

　私たち真核生物では，遺伝子がいくつかの断片に分かれて，DNA上に存在している。その断片を**エキソン**と呼び，エキソンとエキソンの間にある，アミノ酸配列をコードしていないDNAを**イントロン（介在配列）**と呼ぶ。アミノ酸配列をコードするのはエキソン部分だけなので，「遺伝子」といった場合，このエキソン部分のみを指す場合と，イントロン部分も含めて指す場合がある。

　およそ32億塩基対（3254Mb）から成るヒトゲノムのうち，エキソンの部分はわずかに48Mb，すなわちゲノム全体のわずかに1.5％程度である。これに対して，エキソンを分断しているイントロンは，そのゆうに20倍近くある816Mb（ゲノム全体の25.5％）を占めている。

　遺伝子は，ヒトゲノム解析の結果，2万1000個程度であることが明らかとなっているが，この幅のある数値はあくまでも推定値であり，データベースなどによって，若干数に開きがある。これは，その配列がきちんと遺伝子としてはたらいているかがわからないものが多いためである。またヒトの場合，遺伝子1つあたりの平均的なイントロンの数は9個である。

　このほか，「偽遺伝子」や「遺伝子断片」などの遺伝子関連配列は336Mb（ゲノム全体の10.5％）である。

　偽遺伝子とは，かつては遺伝子として機能していたが，突然変異によって機能を失ってしまった，遺伝子の〝残骸〟のようなもののことである。たとえば私たちの赤血球ではたらくヘモグロビンという酸素を運搬する分子に関して，私たちヒトのゲノムには，このヘモグロビンを構成するタンパク質「グロビン」遺伝子の「偽遺伝子」がいくつも存在することが知られている。

　一方，こうした「遺伝子」とは異なる領域（遺伝子間領域）は，上記遺伝子なら

びに遺伝子関連配列を合わせたよりもサイズが大きく，2000Mb（ゲノム全体の62.5％）を占めている。この中には，DNA鑑定などに用いられる**マイクロサテライト**（90Mb，ゲノム全体の2.8％），〝動く遺伝因子〟などとも呼ばれる**トランスポゾン**や，レトロウイルスなどに由来するとされる「レトロトランスポゾン」などの**散在反復配列**（1400Mb，ゲノム全体の43.7％）などが含まれる。

マイクロサテライトとは，数塩基〜数十塩基程度のある特定の塩基配列が何回も繰り返して存在している部分で，**縦列反復配列**などとも呼ばれる。これに対して散在反復配列とは，マイクロサテライト（縦列反復配列）が連続して何回も繰り返されているのに対し，ある特定の塩基配列のコピーが，ゲノムのいろいろな場所に散らばって存在しているものである。

コラム ❷

遺 伝 子 組 換 え 技 術

ヒトゲノムプロジェクトに限らず，遺伝子のはたらきやタンパク質の機能を調べるための分子生物学実験は，世界中の研究室で行われている実験である。そのために最低限必要な技術の一つが**遺伝子組換え**と呼ばれる実験技術である。

遺伝子組換えとは，ある生物から，研究しようとする遺伝子を取り出し，それを別の生物のDNAの中に人為的に組み込んで，新しい形質を加える実験技術である。最も有名な遺伝子組換え実験は，ヒトのインスリン遺伝子を大腸菌に組み込み，大腸菌内で発現させて大量に作らせるというもので，これはすでに実施され，インスリンの大量生成が行われている。

遺伝子組換えでは，ある生物から取り出した遺伝子を別の生物のDNAに組み込むために，**ベクター**と呼ばれる〝遺伝子の乗り物〟を利用する。ベクター自身もDNAで，元は大腸菌などの細菌が持っている**プラスミド**という小さな環状DNAである。これを改変して，遺伝子組換え用の〝乗り物〟にしたのがベクターだ。このベクターに，まず目的の遺伝子を組み込む（**図2−20**）。

組み込みに使われるのが**制限酵素**と**DNAリガーゼ**である。制限酵素は，もともとは細菌がバクテリオファージ（細菌ウイルス）に対する防御のために持っている酵素で，ある特定の塩基配列を切断する。たとえば5′-CACGTG-3′という塩基配列は，相手の相補鎖も5′-CACGTG-3′という塩基配列となっている。こうした〝回文配列〟の部分を切断し，〝のりしろ〟を作るのである。ベクターと目的の遺伝子の両方

にこの〝のりしろ〟を作れば，ベクターと遺伝子を混ぜ，そこにDNAをつなぎ合わせるはたらきを持つDNAリガーゼをはたらかせることで，うまく組み込むことができるのである。

　ベクターは，先ほども述べたように人工的に作ったものなので，意図的に上記のような「制限酵素部位」を入れることができるが，目的の遺伝子は必ずしも，その両端

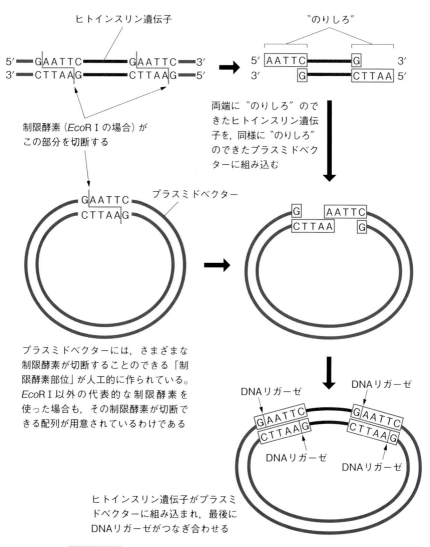

ヒトインスリン遺伝子

〝のりしろ〟

制限酵素（*Eco*RⅠの場合）が
この部分を切断する

両端に〝のりしろ〟のできたヒトインスリン遺伝子を，同様に〝のりしろ〟のできたプラスミドベクターに組み込む

プラスミドベクター

プラスミドベクターには，さまざまな制限酵素が切断することのできる「制限酵素部位」が人工的に作られている。*Eco*RⅠ以外の代表的な制限酵素を使った場合も，その制限酵素が切断できる配列が用意されているわけである

DNAリガーゼ

ヒトインスリン遺伝子がプラスミドベクターに組み込まれ，最後にDNAリガーゼがつなぎ合わせる

図2-20 プラスミドベクターを使った遺伝子組換え実験

に 〝のりしろ〟 となるような制限酵素部位があるとは限らない（むしろあるほうが珍しい）。

そこで，**PCR（ポリメラーゼ連鎖反応）** によって，目的の遺伝子を増幅しがてら，その両端に制限酵素部位を付けることがよく行われる（**図 2 − 21**，**図 2 − 22**）。

PCR は，耐熱性の DNA ポリメラーゼという酵素を利用し，温度を自動的に 96℃，55℃，72℃（標準的な場合）に上げ下げし，これを繰り返すことで自動的に DNA を増幅する技術である。96℃で二本鎖がほどかれて一本鎖となり，55℃で**プライマー**をはりつけ（アニーリングという），72℃で DNA ポリメラーゼによる DNA 合成を行わせるのである。これを繰り返すことで，指数関数的に DNA が増幅していく。

このとき使うプライマーとは，DNA ポリメラーゼの 〝足場〟 となる短い DNA で，目的の遺伝子の 5′ 末端と 3′ 末端に合わせるように合成して作るのだが，このとき，プライマーの 5′ 側に，使いたい制限酵素部位を付けておくと，DNA が合成されるたびに，制限酵素部位も増幅していくため，最終的に増幅した目的の遺伝子の両端に，制限酵素部位が付けられていることになる。これを制限酵素で切れば，みごとに 〝のりしろ〟 ができるわけだ。

増幅した DNA は，**アガロースゲル電気泳動**と呼ばれる方法により可視化し，さらに精製することができる（**図 2 − 23**）。DNA はマイナス電荷を帯び

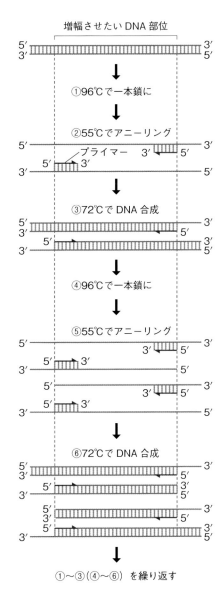

図 2 − 21 PCR 法による DNA 増幅の原理

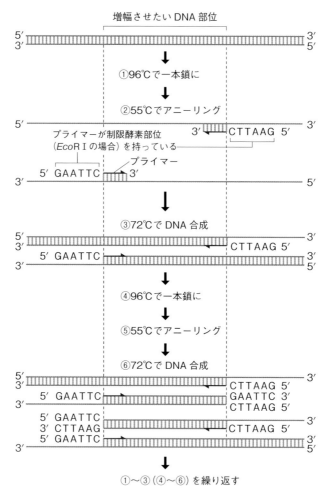

図2−22 両端に制限酵素部位を付けてのDNA増幅

ているため，適切な緩衝液の中にプラス極とマイナス極を置き，その間にDNAを置いて電気を流すと，プラス極のほうに引っ張られる。アガロースゲル電気泳動は，寒天状の物質（アガロース）でできた板の中にDNAを入れ，電気を流すことで，その長さによってDNAを分離する方法である。長いDNAほど寒天状物質のミクロな格子の中を通りにくく，短いDNAほど通りやすいという性質を利用している。こうして長さに応じて分離したDNAを，ゲルから抽出することで，適切な長さを持つ目的のDNAを得ることができるのである。

　こうして得た目的の遺伝子を，〝のりしろ〟を介してベクターに組み込む。その後，

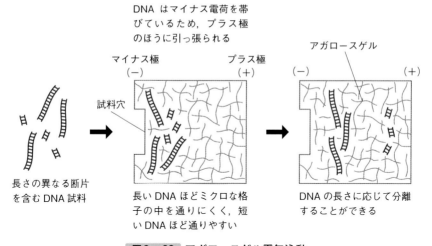

図2-23 アガロースゲル電気泳動

そのベクターを別の生物の細胞に導入するのである。なお，動物細胞，植物細胞な
ど，細胞の種類によってどのようなベクターを使うべきかが決まっているので，目的
に応じたベクターを選定することが重要である。

　なお最近は，制限酵素を用いずに目的の遺伝子をベクターに組み込む方法も開発さ
れており，筆者の研究室でも，もっぱらその方法を利用している。

第 2 講のまとめ

1.▸　DNAは「デオキシリボ核酸」の，RNAは「リボ核酸」の略称であり，とも
に核酸と呼ばれる生体高分子の一つである。

2.▸　DNAは「ヌクレオチド」という物質が数多く重合し，長い線状の構造とな
ったものであり，リン酸，糖，「塩基」から成る物質である。ヌクレオチドと
ヌクレオチドの結合は「ホスホジエステル結合」と呼ばれる。

3.▸　DNAを構成する塩基には「アデニン」「グアニン」「シトシン」「チミン」と
いう4種類のものがある。DNAはこの4種類の塩基が長く連なったものである
と言い換えることができ，これを「塩基配列」という。

4.▸　ワトソンとクリックのDNA二重らせんモデルには，「シャルガフの法則」
について納得できる分子モデルが提示されており，そのモデルを裏付ける重要

な性質が塩基の「相補性」である。

5.▸ 細胞・個体を問わず親から子へと世代を通じて伝わるものが「遺伝子」であり，その本体はDNAである。遺伝子は主にタンパク質の「アミノ酸配列」をコードする。

6.▸ タンパク質は，20種類の「アミノ酸」からできており，その順番と数がタンパク質の種類を決めている。

7.▸ タンパク質の基本構造は，アミノ酸が長くつながったポリペプチドの状態である「一次構造」，α–ヘリックス構造やβ–シート構造などの「二次構造」，タンパク質としての機能を発揮できる「三次構造」，複数の「サブユニット」から成る「四次構造」というふうに，複数の段階から成る。

8.▸ 突然変異によるアミノ酸の変化によりタンパク質の構造が変化し，病気を引き起こすことがある。ヘモグロビンの例がよく知られており，「鎌状赤血球症」はβグロビンのたった1個のアミノ酸の置換により引き起こされる。

9.▸ 生物に最小限必要な遺伝子のセットが「ゲノム」であり，真核生物の場合，核ゲノムだけではなくミトコンドリアゲノム，葉緑体ゲノムなども含まれる。

10.▸ ヒトゲノムプロジェクトにより，およそ32億塩基対のうち，遺伝子や偽遺伝子，マイクロサテライト，散在反復配列などの領域がどのくらいを占めるのかが明らかとなった。

DNA 複製と細胞周期

3-1 すべての細胞は細胞から

》細胞は分裂する

　細胞説を確立した科学者の一人ルドルフ・フィルヒョーは，その歴史的な著書『細胞病理学』（1858）において，「すべての細胞は細胞から（Omnis cellula e cellula)」という有名な標語を残した。政治家としても名を残したフィルヒョーは，すべての病気の根源は細胞にあると考え，国家と国民を生物と細胞の関係に見立て，国家の運営が一人ひとりの国民によって左右されるように，生物の体の健康もまた，一つひとつの細胞により左右されると考えた。

　すべての細胞は細胞から生じるということは，親にあたる細胞の形質が，そのまま子にあたる細胞の形質へと受け継がれていくということである。フィルヒョーと同時代に生きたオーストリアのメンデルが発見した**遺伝**という現象と，多くの生物がそれを目的として生きているであろう**生殖**という現象が，いずれも細胞をその場としてそれぞれ起きているということでもある。

　現在では，すべての細胞は，その親の細胞の**分裂**によって生じることが明らかとなっている。私たちヒトの37兆個ともいわれる細胞も，そのすべてが細胞分裂によって生じたものであり，遡っていくと1個の「受精卵」にまでたどり着く。受精卵は，生殖細胞である卵と精子の合体によって生じるものだが，その卵と精子もまた，やはり細胞分裂（ただし，減数分裂という特殊な分裂）によって生じる。

　では今現在，私たちヒトの体を構成する細胞のすべてがまた分裂を行い，次の世代の細胞を作るのかといえば，答えは否である。

　私たちの細胞の多くは，すでに分裂能力を失っている。もしくは，能力はあるけれども，分裂する機会を逸している。もちろん例外もあって，個体の何十年という寿命を維持するためには，古くなった細胞を捨て，新しい細胞を補充する必要があり，その補充のための細胞（幹細胞）は，つねに分裂を行い，新しい細胞を生み出している。また後述する肝細胞のように，何らかの刺激（肝臓の傷害，肝移植に伴う一部の切除など）によって分裂を再開するような細胞も存在するし，リンパ球などのように，体外から異物が侵入したことがきっかけとなって，分裂を再開し，大量に増える細胞もある。

しかし，多細胞生物の体を構成するほとんどの細胞は，高度に特殊化した細胞となっており，それぞれの細胞がそれぞれに与えられた役割を果たすように運命付けられている。「分裂に力を割く余裕があるのなら，ちゃんと与えられた仕事を果たせ」というわけだ。表皮の細胞や毛の細胞などは，「ケラチン」と呼ばれる繊維状のタンパク質が細胞質に充満した状態となり，もはや分裂するだけの柔軟性は持たないし（**図3−1**），小腸上皮細胞も，栄養物質の吸収に特化した〝使い捨て〟細胞であり，一定期間はたらいたら剥がれ落ちてしまう（**図3−2**）。彼らはもはや，〝分裂する必要のない〟細胞なのである。

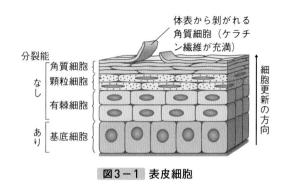

図3−1 表皮細胞

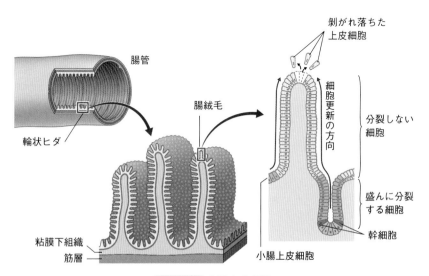

図3−2 小腸上皮細胞

≫ 細胞はどのようなきっかけで分裂するか

では，肝細胞やリンパ球などは，どういうきっかけで，再び分裂を始めるようになるのだろうか。肝臓の一部が移植などのために切り取られると，残った肝細胞が分裂を始め，やがて肝臓を元の大きさに戻すことはよく知られている。免疫を司るリンパ球は，体外から排除すべき異物が侵入すると，それに反応して分裂を行い，仲間を増やして異物を排除しようとする。

すなわちある種の細胞は，細胞の外から何らかの刺激があることがきっかけとなり，分裂を〝再開〟するのである。こうした刺激を**増殖シグナル**と呼ぶ（**図3-3**）。増殖シグナルは，たいていの場合，ある特定の分子である。分裂と「増殖」とはほぼ不可分の関係にあるため，このように呼ばれる。肝細胞が増殖するからこそ肝臓が再生され，リンパ球が増殖するからこそ免疫系が異物を排除することができる。体じゅうの細胞には血液をはじめとする体液が隅々まで届くようになっているので，たとえ密集しているように見えていても，その内部の細胞にもきちんとこうしたシグナルや栄養物質が届くようになっている。

これらの細胞には，外部からの増殖シグナルをきちんと受け取り，そのシグナルに呼応して細胞を分裂させるしくみが備わっている。増殖シグナルが特定の分子であるならば，それを受け取る細胞側の**受容体**もまた，特定の分子である。受容体が増殖シグナルを受け取ると，その情報は細胞内の特定の分子に伝えられ，やがて細胞は分裂を開始する。

このことは，**細胞分裂**という現象そのものが，分子レベルでシステマティックに

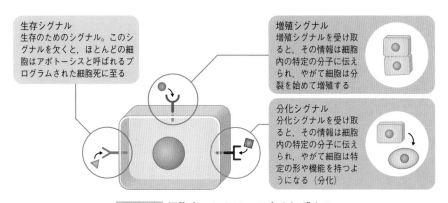

図3-3 細胞をコントロールするシグナル

構築され，きちんとコントロールされた非常に精緻なものであることを示している。この，細胞分裂をきちんとコントロールするしくみが，「細胞周期」である。

》細胞周期とは

　細胞の分裂は，時計の針が何度も回るように周期性を帯びていることから，これをコントロールするしくみ，あるいはその現象そのものを**細胞周期**という（図3−4）。

　細胞周期には，細胞分裂をせず，細胞分裂を準備している状態でもない**静止期**（**間期**）の状態と，それ以外の**分裂期**の状態がある。狭義には「分裂期」の状態を細胞周期ということが多いが，広義には静止期を含める場合もある。すなわち，細胞周期の観点からいって，「分裂をやめている状態」という意味で「静止」期と呼ばれるわけである。

　分裂という観点から見て静止しているだけであるので，ほんとうに細胞が活動を静止させているというわけではなく，実際には，自身の機能をきちんと果たしている状態である。上述した表皮細胞や小腸上皮細胞など，ほとんどの体細胞は，まさ

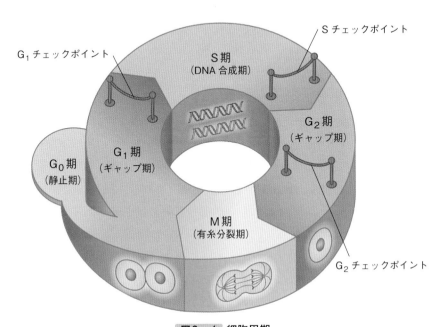

図3−4 細胞周期

にこの時期にあるといってよい。

　増殖シグナルが細胞表面に存在する受容体に結合することをきっかけとして，ある種の細胞は分裂期に入る。分裂期に入っても，すぐに細胞は分裂するわけではなく，分裂に先だってまず，DNAの複製が行われる。したがって分裂期入った最初の時期は，DNAの複製の準備を行う時期であり，その後，DNAの複製が行われる時期がくる。

　DNAの複製が行われると，いよいよ細胞は分裂することになるが，まずは分裂の準備を行う時期がある。そしてその後，細胞が分裂するというメインイベントを行う時期がやってくる。この時期を過ぎると，細胞は再び静止期に戻る。ただし，細胞によっては，静止期に戻らず，引き続き次の分裂期に入るものもある。母親の胎内で盛んに分裂を行っている体細胞はもちろんのこと，体の組織を作る幹細胞，そして「がん細胞」などは，静止期に入らずに細胞周期を〝回し〟続けている。

3-2 DNAの複製に向けて

》ギャップ期（G₁期）

　細胞周期のうち，細胞が分裂期に入って最初に迎えるのが，DNAの複製の準備が行われる時期である。この時期を**ギャップ期（G₁期）**という（**図3-5**）。細胞周

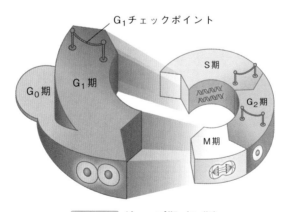

図3-5 ギャップ期（G₁期）

期における劇的な変化（DNA複製と細胞分裂）の間に見られる時期であるため，そのように名付けられたものであろう。

　ギャップなどというと，単なるインテルメッツォ（間奏曲）のような，あるいは運動会のお弁当の時間のようなイメージしかないかもしれないが，実際には，細胞周期の進行に関わるさまざまなタンパク質に変化が起こる，非常に重要な時期なのである。

　細胞周期の進行において中心的な役割を果たすタンパク質が，**サイクリン依存性タンパク質キナーゼ**（cyclin-dependent protein kinase：**CDK**）と呼ばれる酵素である。

　キナーゼといえば「ナットウキナーゼ」を思い浮かべる人もいるかもしれない。実際のところキナーゼとは，タンパク質を**リン酸化**するはたらきを担う酵素の総称である。リン酸化は，細胞内のタンパク質に起こる重要な化学修飾の一つで，タンパク質中のセリン，トレオニン，チロシンなどのアミノ酸残基にリン酸が結合することで，そのタンパク質の三次構造が変化し，機能が変化する（活性化されたり不活性化されたりする）。すなわちCDKは，細胞内で細胞周期に関わるさまざまなタンパク質をリン酸化することにより，その三次構造を変え，ひいては機能を変化させて，それによって細胞周期を進行させるのである（**図3－6**）。

　CDKにはCDK1，CDK2，CDK4など，いくつかの種類があり，それぞれ，細胞周期によってはたらく時期が異なる。G_1期にはたらくのは，主にCDK2，CDK4，そしてCDK6である。

　これらCDKは，**サイクリン**と呼ばれるタンパク質と結合することで機能を発揮する。これが，CDKの〝サイクリン依存性〟という言葉の由来である。CDK4とCDK6は，それぞれサイクリンDと呼ばれるタンパク質と結合して，標的となるタンパク質をリン酸化する。標的となるものの代表は，**Rbタンパク質**である。細胞周期が進行していないとき，Rbタンパク質は，**転写因子**（遺伝子の転写，すなわちその遺伝子からのmRNAの合成をコントロールするタンパク質）であるE2Fなどと結合してその活性を阻害しているため，細胞周期は進行しない。しかし，Rbタンパク質がリン酸化を受けると，こうした転写因子が解離し，そのはたらきによってDNA複製関連遺伝子など，細胞周期を進行させる重要な遺伝子の転写が促進される。このほかにも，さまざまなタンパク質がリン酸化を受け，細胞がDNA合成期（S期）を迎える準備を整えるのである。

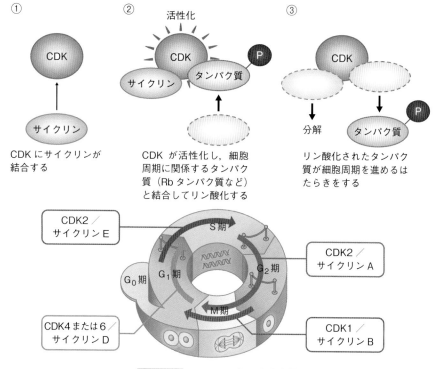

図3-6 CDKのはたらきと種類

》チェックポイント

　細胞分裂は，細胞内のさまざまなタンパク質が協調し，細胞全体を遺漏なく分裂させる大イベントであるから，一部でもS期を迎える準備が遅れたりした場合，細胞分裂全体に影響が及ぶ。したがって，S期を迎える準備が少しでも整わない場合，細胞がG_1期からS期へと進むことはない。なぜなら細胞には，S期を迎える準備が整っていない場合，それをきちんと認識して，細胞周期をそれ以上先へと進ませないチェック機構が存在するからである。

　すなわち，細胞の状態が，S期へと進行させるために適切な状態になっているかをチェックする時点がG_1期には存在しているということである。これを**チェックポイント（G_1チェックポイント）**という。G_1チェックポイントは，細胞がDNA複製を行うのに適した状態となっているかどうかを決定する制限点である。これは，その先の細胞分裂の成否に関わることでもあるため，細胞周期において最も重要な

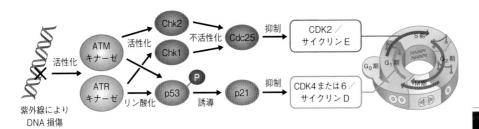

図3－7 G_1チェックポイントのしくみ

制限点であるといえる。DNAが損傷したまま修復されていない場合などが，「適した状態ではない」場合にあてはまる。

　一例として，紫外線によりDNAが損傷すると，メカニズムは不明だがATMキナーゼならびにATRキナーゼと呼ばれるタンパク質リン酸化酵素が活性化される**(図3－7)**。この酵素は「ゲノムの守護神」とも呼ばれる**p53タンパク質**（がん抑制遺伝子産物としても知られる）をリン酸化し，そしてリン酸化されたp53タンパク質は，最終的にG_1期をS期へと押しやるはたらきをするCDK4（またはCDK6）／サイクリンDのはたらきを抑制するため，G_1期はこの時点でストップしてしまう。

　またATMキナーゼはChk2と呼ばれるキナーゼ（タンパク質リン酸化酵素）も活性化する。Chk2はCdc25という脱リン酸化酵素（タンパク質からリン酸基を取り去る酵素）を不活性化する。Cdc25は，G_1期からS期へと進行するのに不可欠なCDK2を活性化させるので，Cdc25の不活性化によりそれができなくなる，というわけである。なお，ATRキナーゼは，Chk1と呼ばれるキナーゼも活性化することで，同様にCdc25を不活性化している**(図3－7)**。

》DNA合成期（S期）

　G_1チェックポイントをクリアした細胞は，その周期を自動的にS期へと進行させる**(図3－8)**。これは，G_1チェックポイント以降にもしDNAが損傷してしまっても，細胞はそれを無視せざるを得ないということであり，もはや「後戻りができない時点」がチェックポイントであるといえる。とはいえ，細胞内のDNA損傷はつねに監視されているため，それほど不安がることはない。

　DNAの複製が行われる時期が**DNA合成期（S期）**である。DNAの複製は，化学反応の観点から見ると，1本のDNA鎖を鋳型として，ペアとなる相補的なもう

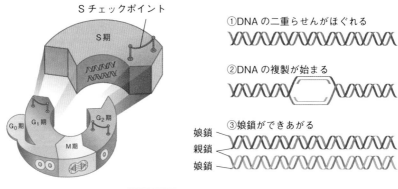

Sチェックポイント

S期

①DNAの二重らせんがほぐれる

②DNAの複製が始まる

③娘鎖ができあがる

娘鎖
親鎖
娘鎖

G₀期　G₁期　G₂期

M期

図3－8　DNA合成期（S期）

一方のDNA鎖を合成するということであるから，複製というより「合成（synthesis）」なのであって，その頭文字をとってS期というのである。S期では，ヒトの細胞1個につき2メートルにも達する長大なDNAが，遺漏なく複製される。どのくらい時間がかかるかは細胞によって異なるが，ヒトの培養細胞の場合，おおむね数時間～8時間程度である。

　S期を進めるのに重要なのはCDK2／サイクリンE（またはA）である。このキナーゼが，DNA複製関連タンパク質（DNAポリメラーゼなど）をリン酸化することで，S期の進行が促進されるのだ。

　S期の後期にも，G_1チェックポイントと同様に，DNA複製の最中にDNA損傷が起こらなかったかどうかをチェックするチェックポイント（**Sチェックポイント**）が存在する。このチェックポイントでは，DNAが損傷した状態がまだ残っていた場合，細胞周期を停止させる。そのしくみはG_1チェックポイントに登場するATMキナーゼ，ATRキナーゼ，p53，Cdc25による同様のしくみである。

　ATMキナーゼ，p53などは，G_1期からS期の終わりまで，つねにDNAに損傷がないか，ちゃんと複製されているかを〝監視〟しているのではないかとさえ思える。つまり，G_1チェックポイントで見逃されたDNA損傷も，次のSチェックポイントできっちりと見つけられて修復されるのである（もちろん，見つけられずに修復されない場合もあるようだ）。

3-3 DNAポリメラーゼとDNA複製のしくみ

》DNAポリメラーゼ

　DNA複製は，一方のDNA鎖を鋳型として，それと相補的なもう一方のDNA鎖を合成する反応であるから，その触媒となるべき酵素が必要である。その酵素を**DNAポリメラーゼ**という。正確には「DNA依存性DNAポリメラーゼ」と呼ばれる。

　DNAの材料となる「ヌクレオチド」は，つねに細胞内で合成が行われており，核内に大量に〝プール〟されている。DNAポリメラーゼは，一本鎖DNAを鋳型とし，「ホスホジエステル結合」を形成することにより，核内に〝プール〟されているヌクレオチドを次々に重合する化学反応を触媒する（**図3−9**）。相補的な塩基対を形成する反応を直接触媒するわけではないが，一本鎖DNA，ヌクレオチド，合成しつつある新生DNA鎖の末端にある「3′OH基」と，酵素の活性中心との間で形

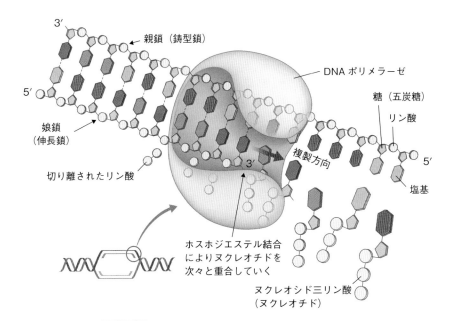

図3−9 DNAポリメラーゼによって合成中のDNA

成される立体構造が，相補的な塩基対を形成するよう促すようになっているため，相補的でないヌクレオチドは自然と取り込まれないか，取り込まれてもすぐに排除される。

　また，DNAポリメラーゼの活性には，マグネシウムイオンやマンガンイオンなどの「二価カチオン」が必要とされる。活性中心において，二価カチオンが，ヌクレオシド三リン酸のマイナス電荷を最も外側のリン酸の側へと引き付けることで，外側の2個のリン酸を外し，新生DNA鎖の3′OH基と最も内側のリン酸との間にホスホジエステル結合を形成する反応が，促進されると考えられている。

　DNAポリメラーゼは，原核生物（大腸菌）で5種類，真核生物で16種類のものが存在することが知られている。このうち，主たるDNA複製酵素としてはたらくものは限られており，原核生物では「DNAポリメラーゼⅢ（ホロ酵素）」が，真核生物では「DNAポリメラーゼα」「DNAポリメラーゼδ」，そして「DNAポリメラーゼε」が，それぞれ主たる複製酵素としてはたらく。そのほかのDNAポリメラーゼは，主にDNAの修復や，損傷乗り越えDNA合成などではたらく。

　ここでは，真核生物のDNAポリメラーゼならびに複製メカニズムについて述べることにしよう。

》DNA複製の開始

　第1講で述べたように，真核生物のDNAは線状（端っこがある）であり，かつ非常に長いため（ヒトの場合，1本の染色体に含まれる1本のDNAの長さは平均数センチである），端から順番にDNAを複製していったのでは時間がかかり過ぎる。そのため，DNAの至るところに**複製開始点**と呼ばれるポイントがあり，そこからほぼ同時に複製がスタートする。したがって，1個の複製開始点から複製が開始されると，両方向に複製が進行することになる（図3−10）。

　複製開始点（複製起点ともOriともいう）は，生物によってきっちりと塩基配列が決まっている場合もあれば，そうでない場合もあるが，おおむね，A（アデニン），T（チミン）が多い（ATリッチな，という言い方をする）塩基配列が複製開始点になると考えられている。酵母では複製開始点の塩基配列は決まっており，ある特定の11塩基から成る塩基配列が複製開始点であることが明らかになっている。ヒトのゲノムには数万ヵ所もの複製開始点があるといわれるが，ある回の複製で複製開始点として使われた塩基配列が，次の回の複製でも複製開始点として使われる

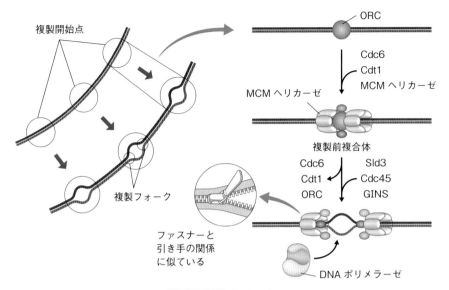

図3−10 複製の開始

という保証はないらしい。

　複製開始点から複製がスタートするに先立ち，複製開始点を認識するタンパク質の複合体が，まず複製開始点に結合する。この複合体をその名のとおり**複製開始点認識複合体**（origin recognition complex：**ORC**）という。言うなれば，この複製開始点認識複合体が結合する場所が複製開始点になる，ともいえよう。ヒトの場合，それが厳密ではないのであろう（理由は不明である）。

　このORCが結合した複製開始点に，Cdc6，Cdt1，MCMヘリカーゼなど，複製開始に関わるさまざまなタンパク質が結合し，**複製前複合体**が形成される。

　複製前複合体には，続いてSld3，Cdc45，GINS（Go-Ichi-Ni-San：ウソみたいなホントの名前です），そしてDNAポリメラーゼなどのタンパク質が結合する。このとき，複製前複合体にあったCdc6とCdt1は複合体から離れていき，**複製開始複合体**が形成され，いよいよ複製が開始される。

》 複製フォークと岡崎フラグメント

　DNA複製がスタートし，**MCMヘリカーゼ**によってDNAの二本鎖が1本ずつに分かれていく。MCMヘリカーゼは6つのサブユニットから成るタンパク質で，

DNAをぐるりと取り囲むようにして結合している。

　このMCMヘリカーゼによってDNAが1本ずつに分かれていく（二重らせん構造が巻き戻されて1本ずつのDNAになる，というイメージなので，「巻き戻し」[*1]と呼ばれる）部分は，DNAがあたかも枝分かれしているように見えることから**複製フォーク**（replication fork）と呼ぶ。したがって複製フォークは，MCMヘリカーゼによる巻き戻しに従って，ある一つの方向へと進行していく。

　本来なら，複製フォークが一つの方向へと進行していくに伴って，巻き戻された2本のDNAは，ともに複製フォークと同じ方向に複製されていくのが適切であろう。ところが，DNAの複製はDNA合成という化学反応であり，純粋にその法則にのっとって行われる。それは，DNAポリメラーゼによるDNA合成の方向が，複製フォークの進行方向とは関係なく，必ずある方向に起こるよう決まっているということである。

　その方向を語るにあたり，重要なのが，ヌクレオチドを構成する「五炭糖」の炭素の番号だ。なぜならその番号を，私たちはDNAの方向性の表示に使うからである（図2−2参照）。

　DNAの材料であるヌクレオチドに注目すると，その重合物であるDNAは，必ず前のヌクレオチドの「3′OH基」に，次のヌクレオチドの「5′炭素（5位の炭素）」に結合したリン酸基がつながり，ホスホジエステル結合を形成するようにして合成される。これを遠目に見ると，つねにDNAは，最も頭のヌクレオチドには5′炭素に結合したリン酸が，最もお尻のヌクレオチドには3′OH基がくるようになっている。それで前者を**5′末端**，後者を**3′末端**と呼ぶのである。

　したがって，DNAの合成方向はつねに一定で，5′末端から3′末端へと伸びてい

MEMO

*1　**ウェルナー症候群**（DNAヘリカーゼの異常）10代なかばから全身の老化が進む，早老症とも呼ばれる遺伝性疾患。40代で多くの患者ががんや心筋梗塞で亡くなる。DNAヘリカーゼの一つであるウェルナーヘリカーゼの異常が原因とされる。ウェルナーヘリカーゼは通常，表面からナイフが突き出たような構造をしており，DNAの末端で入り組んだループ形状をとるテロメアなどをほどく役割を担う。テロメアは細胞寿命を調節しているといわれる部位で，ウェルナーヘリカーゼに異常をきたすと複製がうまくできなくなり，テロメア長が欠落し老化が早く進んでしまうのではないかと考えられている。

　ブルーム症候群（DNAヘリカーゼの異常）小柄な体型，日光過敏性紅斑，免疫不全のほか，20歳までに約3割の患者が何らかのがんを発症する遺伝性疾患。DNAヘリカーゼの一つであるブルームヘリカーゼの異常が原因とされる。ブルームヘリカーゼも通常，表面からナイフが突き出たような構造をしており，DNA複製時に生じやすい二本鎖切断を修復する際にからまった二重らせんをほどく役割を担う。ブルームヘリカーゼに異常をきたすと二本鎖切断の修復がうまくできなくなり，DNAに変異が蓄積してしまうので，がんが高率で発症すると考えられている。

くように合成されることになっている。

　しかし，DNAは対面通行の道路のように，お互いに合成方向が正反対に向いた
DNAが，塩基の相補性を介して抱き合い，二本鎖を形成している。すなわち必然
的に，一方のDNA鎖を鋳型としたDNA合成が複製フォークと同じ方向に進むなら
ば，もう一方のDNA鎖を鋳型としたDNA合成は，複製フォークとは反対の方向に
進まざるを得ないのである。

　その結果，複製フォークとは反対の方向に進むDNA合成は，短いDNAを断続的
に作り，最後につなげるという方法をとるようになった。この短いDNA断片を，
発見者である岡崎令治（1930〜1975）にちなみ，**岡崎フラグメント**という。また，
岡崎フラグメントが断続的に合成されるDNA鎖を**ラギング鎖（遅延鎖）**，複製フォークの進行方向と同じ方向へと連続的にDNAが合成されるDNA鎖を**リーディング鎖（先行鎖）**という。この「遅延」という言葉の由来は，DNA複製を全体的に見ると，ラギング鎖はリーディング鎖よりも一歩遅れて合成されるように見えるからである（**図3−11，図3−12**）。

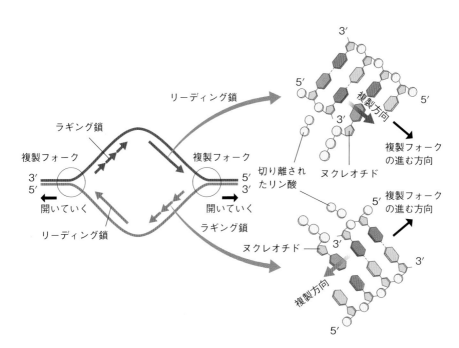

図3−11 リーディング鎖とラギング鎖

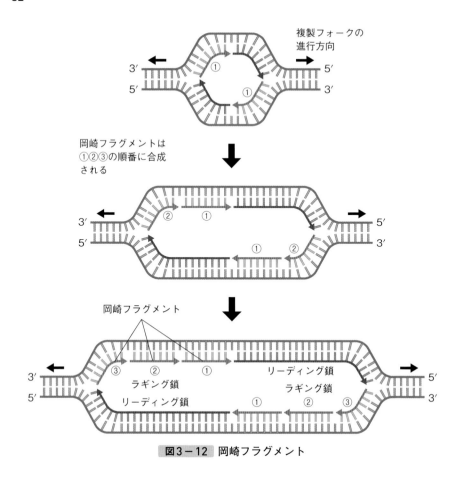

図3−12 岡崎フラグメント

≫ DNAポリメラーゼの役割分担

　真核生物の主要なDNA複製酵素は，DNAポリメラーゼα，DNAポリメラーゼδ，そしてDNAポリメラーゼεである。この3種類のDNAポリメラーゼは，それぞれが別の役割を担い，協調して真核生物のDNA複製を行っている。

　DNAポリメラーゼαには，**プライマーゼ**と呼ばれるサブユニットがある。すべてのDNAポリメラーゼは，鋳型となる一本鎖DNAだけではDNA合成を開始することができず，必ず**プライマー**と呼ばれる〝足場″が必要である（**図3−13**）。プライマーはDNAでもRNAでもよく，DNAポリメラーゼが認識するための「3′OH基」を提供するためのものである。DNA複製では，その役割を担うのはRNAである。プライマーゼは「RNAポリメラーゼ」の一種であり，このRNAでできたプラ

イマー，**RNAプライマー**を合成する役割を担っている。10塩基程度の短いRNAプライマーが合成された後，DNAポリメラーゼαがそれを足場にして，数十塩基程度の短いDNAを合成する。合成するプライマーの長さがきっちりと決まっていないように思われるが，RNAプライマーはDNAポリメラーゼのために3′OH基を提供することが目的で合成されるので，長さがきっちりと決まっている必要はないのであろう。

DNAポリメラーゼαもまた，数十塩基程度の短いDNAを合成するだけで，それ以上長いDNAを合成することはしない。その後，**ポリメラーゼ・スイッチ**という現象が起き，リーディング鎖では「DNAポリメラーゼε」が，そしてラギ

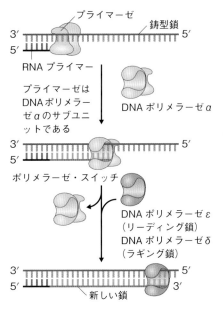

図3－13 DNA複製開始の足場となるRNAプライマー

ング鎖（岡崎フラグメント）では「DNAポリメラーゼδ」が，それぞれDNAポリメラーゼαの後を引き継ぎ，DNA合成を最後まで行うと考えられている。したがってラギング鎖では，DNAポリメラーゼαからDNAポリメラーゼδへのポリメラーゼ・スイッチが，岡崎フラグメントの合成のたびに起こっているといえる。

岡崎フラグメント同士は，先に合成されていた岡崎フラグメントのプライマーを，後から合成されてきた岡崎フラグメント（を合成していたDNAポリメラーゼδ）が，めくりあげるようにして押しのけた後，「DNAリガーゼ」によってホスホジエステル結合が形成され，つながると考えられている（**図3－14，図3－15**）。

こうしてDNAポリメラーゼによるDNA合成が進行しながら，複製フォークは一方向に向かって進んでいく。そして，逆方向から進行してきた，隣の複製開始点から始まった複製フォークと最後にはぶつかり，複製は終了する（複製フォークがいかにしてぶつかり，いかにして複製鎖同士がつながるかについては，よくわかっていない）。

第3講 DNA複製と細胞周期

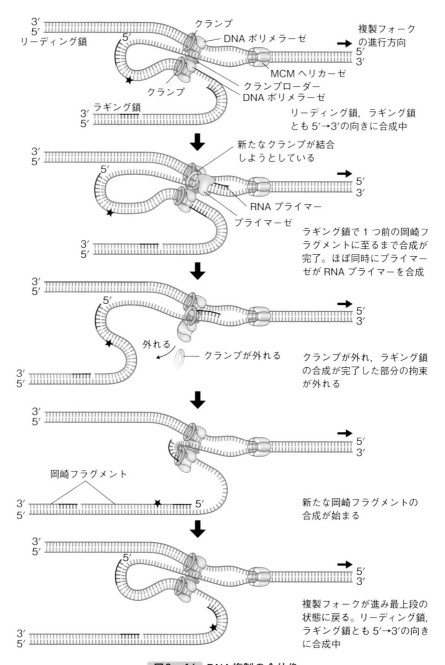

クランプ
DNA ポリメラーゼ
複製フォーク
の進行方向

図3-14 DNA複製の全体像

岡崎フラグメント同士は，実際には図3-15のように，RNAプライマーが押しのけられた後にDNAリガーゼによってつなげられる。またプライマーゼは，実際には図3-13のように，DNAポリメラーゼのサブユニットである

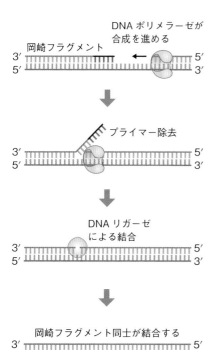

図3-15 岡崎フラグメント同士の結合

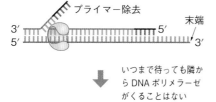

図3-16 短くなるテロメア

》テロメア複製問題

バクテリアなどの原核生物のDNAは引き伸ばすとブレスレットのような状態, すなわち環状DNAであるが, 私たち真核生物のDNAは, 引き伸ばすと一本の紐のような状態, すなわち線状DNAである。ということは, 私たちの染色体には〝端っこ〟が存在するということである。リーディング鎖とラギング鎖というこのシステムは, 巻き戻されてできた二本のDNAを協調して複製するには効率がよいシステムだが, じつはこの〝端っこ〟の存在が, ある問題を引き起こす。この染色体の〝端っこ〟の領域を**テロメア**という。

リーディング鎖の場合, 順当にテロメアの末端までDNAを合成していけばよいのだが, ラギング鎖の場合が厄介なのである。なぜならラギング鎖は, リーディング鎖とは反対側に向かって岡崎フラグメントを合成する反応だからである。テロメアの末端へと合成が進んでいく中で, ラギング鎖における最後の岡崎フラグメントの最初のRNAプライマーが, うまくテロメアの末端に結合すればよいが, そういうことはほとんどなく, たいていの場合, テロメアの末端よりも内側のDNAに結合してしまう。そのため, それより末端側にはもはや岡崎フラグメントは合成されず, 複製が終わった後その分だけ短くなってしまう**(図3-16)**。よしんばテロメアの末端にうまく最後のRNAプライマーが合成されたとしても, RNAは最終的には分解されてしまうので, やはりその分, テロメアの末端は短くなってしまう。

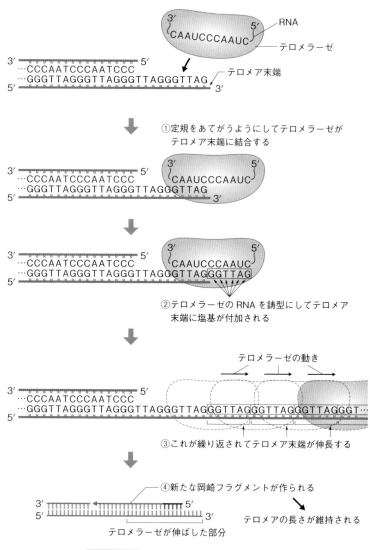

図3-17 テロメラーゼによる付加反応

　これを**テロメア複製問題**（**末端複製問題**）といい，私たち多くの真核生物の体細胞は，分裂のたびにテロメアが短くなっていく。テロメアがある一定の長さ以下になると，核内での染色体の構造が不安定になり，細胞分裂が正常に行われなくなると考えらており，これが，真核生物の細胞に**分裂限界**が存在する原因のひとつであると考えられている。

　がん細胞や生殖細胞では，分裂限界にならないようテロメアを維持する酵素**テロメラーゼ**が発現している。テロメラーゼは，テロメアDNAの塩基配列（真核生物のテロメアDNAは，TTAGGGという6塩基の繰り返し配列となっている）に相補的に結合できるRNAを自らの酵素内に持っており，これを定規のようにテロメアの塩基配列にあてがうようにして鋳型とし，テロメアを伸長させることができる**（図3－17）**。そのためこうした細胞は，分裂限界に達することなく，半永久的に分裂を繰り返すことができるのである。

》 複製された DNA を束ねる

　さて，よくある疑問の一つが，1個の細胞核中に存在する2メートル（ヒトの場合）ものDNAが複製された後，なぜそのクロマチン構造がお互いにからまることなくまとまって，うまく2個の細胞に分け与えられるのかという，「染色体分配」に関する疑問である。

　複製された2本の（1組の）DNAは，お互いの塩基配列は相同であるはずだから，塩基配列レベルで見ればほかのDNAと見分けがつくと考えられるが，化学物質として見ると両者を「複製された2本のそれぞれ」と見分けることは難しい。複製された後は放っておかれ，その結果として細胞核内に分散してしまっては，もはや「複製された2本のそれぞれ」を探し出すことは困難である。

　したがって，私たちの細胞は，複製されてできた2本のDNAがばらばらに分かれていかないよう，しっかりと束ねるのである。この，2本の複製されたDNAを束ねるのは，2個の**コヒーシン**と呼ばれるタンパク質分子と，その2個のコヒーシンをつないでいる**クライシン**と呼ばれるタンパク質である。言ってみれば，複製されたDNAを束ねる〝輪ゴム〟である**（図3－18）**。

　この〝輪ゴム〟は，じつは複製される前からDNAを取り巻くようにして結合している。コヒーシンは，Smc1，Smc3という2種類のタンパク質分子から成り，これがある一端で結合している。これがDNAを洗濯ばさみのように挟みこんだうえで，Smc1とSmc3がクライシン分子によってつながれ，DNAを環状にぐるりと取り囲んでいる。この構造を**コヒーシン環**といい，DNA上に多数存在している。

　このコヒーシン環は，DNAが複製される前後を通じて安定的に結合しているため，DNAが複製される際には，コヒーシン環をくぐるようにして，複製フォークが進行する。そのおかげで，DNAが複製されても，それぞれのDNAがばらばらに

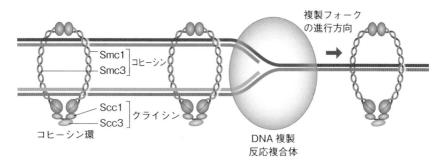

図3-18 コヒーシン環

分散しないでいることができるのである。

3-4 細胞分裂

》》ギャップ期（G₂期）とチェックポイント

ギャップ期（G₂期）は，G₁期と同様，〝ギャップ〟などと呼ばれているが，実際にはその後の細胞分裂のための準備を行ったり，複製されたDNAが正確なものであるかをチェックしたりするたいせつな時期である（**図3-19**）。

G₂チェックポイントでは，G₁やSのチェックポイントと同様，DNAの損傷をチェックするしくみが存在するが，より重要なのはDNAの複製が完了したかどうかをチェックするしくみであろう。

DNA複製が未完了な場合は，DNAが損傷されたときと同様，ATRキナーゼが活性化されている。ATRキナーゼは，3-2節でも述べたようにChk1を活性化し，Chk1はCdc25を不活性化している（図3-7参照）。しかし，ここでDNA複製が完了すると，それを感知したATRキナーゼが不活性化し，最終的にCdc25が活性化する。

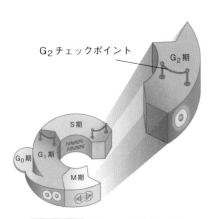

図3-19 ギャップ期（G₂期）

　細胞周期をG₂期から次のM期へと進めるのに重要なのは，CDK1／サイクリンBである（図3－6参照）。この分子は，S期の間に合成され，細胞質内に蓄えられているが，CDK1のある2ヵ所のアミノ酸残基がリン酸化されているため，不活性な状態になっている。

　この2ヵ所のアミノ酸残基のうち1ヵ所が，Cdc25により**脱リン酸化**されると，CDK1／サイクリンBが活性化され，これがさらにCdc25をリン酸化することでCdc25を活性化し，これがさらに別のCDK1／サイクリンBを活性化する，という具合に〝カスケード〟的にCDK1／サイクリンBが活性化されていく。こうして，細胞周期はG₂期からM期へと入るのである。

≫ 有糸分裂期（M期）

　そうして，細胞はいよいよ分裂を始める。

　細胞の分裂という，細胞周期におけるメインイベントが行われるこの時期を，**有糸分裂期**（**M期**：mitosis）という（**図3－20**）。この「有糸」という名前は，細胞分

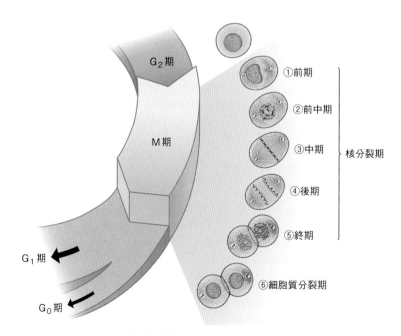

図3－20 有糸分裂期（M期）

裂を光学顕微鏡で観察すると，〝糸〟のように見える物体が現れることから名付けられたと考えられる。この〝糸〟の正体は，染色体が凝縮して現れる太い糸（中期染色体）であり，またその凝縮した染色体を両極に引っ張るように見える**紡錘糸**である。

有糸分裂期（M期）で最も重要なことは，S期で複製されたDNA，すなわち染色体を，均等に2つの子細胞へと分配することである。そのしくみを**染色体分配**という。この過程に不備があると，ある染色体が2つの子細胞の一方のみに偏って分配されるなどの異常が生じる。生殖細胞の形成過程でこれが生じると，同じ染色体が3本存在する**トリソミー**[*2]となり，ダウン症などの先天性疾患となる場合がある。

M期は，大きく「核分裂期」と「細胞質分裂期」に大別されるが，「核分裂期」は，分裂過程において細胞内で起こる現象を基準にして，さらに細かく「前期」，「前中期」，「中期」，「後期」，そして「終期」に分かれる。

≫ 前期（①）から前中期（②）

M期の最初にくる「前期」に入る前に，**中心体**の複製が行われる（図3−21）。

中心体は，細胞分裂において，後で述べる紡錘体の主成分である**微小管**を形成する中心となるので，その複製はきわめて重要である。微小管は**チューブリン**というタンパク質が筒状に重合したもので，**細胞骨格**の一種である（図3−24参照）。中心体の複製は，M期に入る前，S期の初めに始まり，G_2期の終わりまでには完了する。

前期に入ると，複製された中心体が細胞の両極に移動を開始するが，その際，核の外側において，それぞれの中心体の間に**有糸分裂紡錘体**と呼ばれる，微小管から成る構造が形成される（図3−22）。

核内に分散していた複製されたDNAとヒストンから成る染色体が，**姉妹染色分体**として凝縮し始める。姉妹染色分体とは，X字形に凝縮した**中期染色体**におい

MEMO✎

*2 **トリソミー**（染色体分配の異常）21番染色体が3本（通常は2本）ある21トリソミーがダウン症候群，18トリソミーがエドワーズ症候群，13トリソミーがパトウ症候群と呼ばれる。21番，18番，13番の染色体でトリソミーが起きやすいわけではなく，遺伝子数が337個，400個，496個と少ないために致命的とならず，出生に至る場合が多いからである。ちなみに遺伝子数最多は1番染色体の2610個である。18トリソミー，13トリソミーとも1年生存率は約10％。一方，21トリソミー（ダウン症候群）は，日本での推定平均寿命は60歳前後と考えられている。

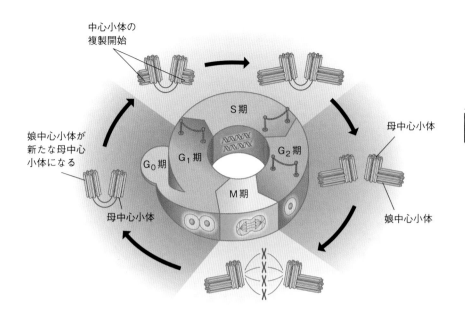

図3－21 中心体の複製

て，それぞれの腕を指していう言葉である。複製された2本のDNAが，2本の姉妹
染色分体として凝縮するわけだ。このとき，染色体の凝縮を司るのが**コンデンシン**
と呼ばれる，先に述べた「コヒーシ
ン」と同じように，クロマチンに環状
に結合することができるタンパク質で
ある。

　CDK1／サイクリンBが活性化する
と，コンデンシンをリン酸化する。す
るとコンデンシンは姉妹染色分体上に
結合し，これを巻き上げて凝縮させ
る。コヒーシンが，複製された後の2
本のクロマチン（2本の姉妹染色分
体）同士を結び付けるのとは異なり，
コンデンシンは，それぞれの姉妹染色
分体の中でクロマチン同士を結び付

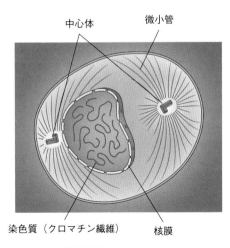

図3－22 前期の細胞

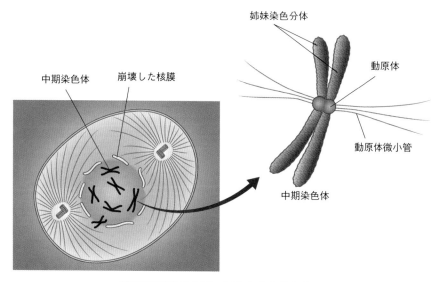

姉妹染色分体

動原体

動原体微小管

中期染色体

中期染色体　崩壊した核膜

図3-23　前中期の細胞と中期染色体

け，凝縮させるのである。

　前期の次にくる**前中期**では，核膜が完全に崩壊する（**図3-23**）。この核膜の崩壊は，核膜の裏打ちタンパク質で，**核ラミナ**と呼ばれる層状構造を形成している「ラミン」と呼ばれるタンパク質（細胞骨格の一種で「中間径フィラメント」と呼ばれるものの一種）が，CDK1／サイクリンBによってリン酸化され，構造を変化させることがきっかけとなる。すると層状構造が崩れて，核膜が崩壊し，核膜は小さな膜断片となって分散するのである。

　前中期では，染色体の凝縮がほぼ完了して，X字形の「中期染色体」が出現する。両極に移動した中心体からは，微小管が細胞中央付近へと伸び始め，凝縮した中期染色体の**セントロメア**（X字形の中央の交差にあたる，くびれた部分）付近に結合し，**動原体**を形成する。そして**紡錘体**と呼ばれる，前中期から中期に特有の構造が形成される。それとともに，中期染色体が細胞中央の赤道面に整列を始める。

》**中期**（③）

　前中期の次にくる**中期**では，すべての染色体（の動原体）が赤道面に整列する（図3-24）。

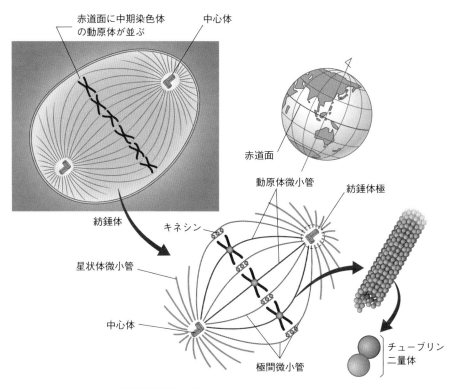

図3－24 中期の細胞と3タイプの微小管

　この赤道面への整列は，両極の中心体からほぼ等距離となるように行われる。**動原体微小管**と染色体における姉妹染色分体間の結合のつり合いがとれること，つまり，動原体微小管の絶妙な動きにより，すべての染色体の姉妹染色分体が赤道面をはさんでうまく整列することが，**紡錘体チェックポイント**[*3]を通過する一つの目安となる。また，動原体に結合している動原体微小管の反対側は，中心体から成る**紡錘体極**に結合する。

　このとき，微小管は動原体に結合しているもののみではなく，2つの紡錘体極の

MEMO✎

*3 **染色分体早期解離症候群**（紡錘体チェックポイント機能の破綻）染色体の数が生まれつき不安定になっていて，ウィルムス腫瘍や横紋筋肉腫などの小児がんが多発する遺伝性疾患。紡錘体チェックポイントを担う*BUBR1*遺伝子の転写調節領域に変異があり，BUBR1タンパク質の発現量が低下している。これにより紡錘体チェックポイントの機能が破綻すると同時に，染色分体の接着を司るコヒーシンの機能も低下する。そのため親細胞の染色分体が動原体が接続する前に解離してしまい，子細胞に不均等に分配される。細胞が分裂するたびに染色体の過剰や欠失が生じるので，がんを多発する。

間を直接つなぐ**極間微小管**と，紡錘体極から放射状に伸びた**星状体微小管**が，ともに紡錘体を形成している形となっている。極間微小管は，2つのそれぞれの紡錘体極から伸びてきた微小管が中間あたりで重なりあったとき，**キネシン**と呼ばれる微小管結合モータータンパク質によって架橋され，紡錘体が安定化するのである。

　このころまでには，染色体上に存在し，2本の姉妹染色分体を束ねていたコヒーシン環は，動原体付近のものを除いてすべてが解離している。

≫ 後期（④）と終期（⑤）

　次の**後期**では，動原体付近に残っていたコヒーシン環が，セパラーゼのはたらきによる「クライシン」（3－3節参照）の切断をきっかけとしてすべて解離し，姉妹染色分体の分離が起こり，それぞれの姉妹染色分体が両極にゆっくりと引っ張られていく（**図3－25**）。このとき，動原体微小管はそれに伴って短くなっていき，さらに紡錘体極も，それぞれがより外側に離れていく。こうして，姉妹染色分体は分離し，もはや単なる〝染色体〞となる。

　後期の次にくる**終期**では，両極に分かれた染色体の**脱凝縮**が起こり，染色体は再びクロマチン繊維として分散し，顕微鏡的には見えなくなる。

　また，細胞内に分散していた核膜の成分に付随していたリン酸化されたラミンタンパク質が脱リン酸化され，この核膜成分が再び集まり，核膜が再構成される（**図3－26**）。

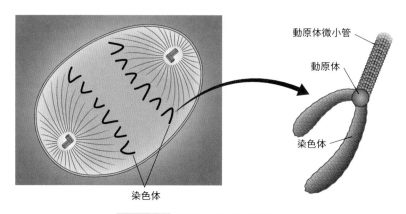

図3－25 後期の細胞と後期染色体

》細胞質分裂期（⑥）

　そうして，細胞は**細胞質分裂期**を迎える（図3－27）。

　それぞれの極において，核膜が再び作られ，前期が始まる前の状態の核が再構築されると，動原体微小管は消失し，細胞の赤道面付近では細胞膜直下に**収縮環**と呼ばれる細胞骨格から成る構造が形成される。この収縮環が，まるできつい輪ゴムでソーセージを絞り切るかのごとく，細胞質を分裂させるのである。

　ただしこのような〝絞り切り〟は，動物細胞における細胞質分裂に特徴的なものであり，植物細胞では，細胞の赤道面付近の内部に，小胞成分が集まって構築される「隔壁」ができ，最終的にこれが細胞膜ならびに細胞壁と融合するようにして，細胞質が2つに分かれる。

　こうしてM期は終了し，細胞はG_0期もしくはまたG_1期に入る。

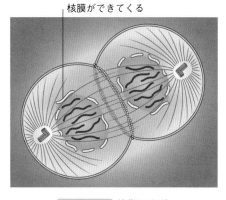

核膜ができてくる

図3－26 終期の細胞

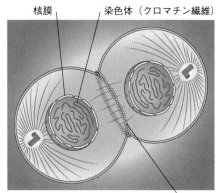

核膜　　　　　染色体（クロマチン繊維）

収縮環

図3－27 細胞質分裂期

　G_0期に入るのは，これ以上分裂しない細胞で，すでに3－1節で述べた「静止期」となる細胞のことである。静止期という言葉が紛らわしいので説明を繰り返すが，細胞がまったく石のように動かなくなって休んでいるといったイメージは間違いで，細胞が最も細胞らしく機能を忠実に遂行している時期が，このG_0期である。

　また，連続して分裂する細胞は，M期が終了するとすぐに，次のG_1期に入っていくというのは，3－1節で述べたとおりである。

細胞周期の異常とがん細胞

　がん細胞の，正常細胞にはない特徴はいくつかあるが，そのうち最も大きな特徴は，無限増殖を繰り返すということである。私たちのような多細胞生物において，その構成細胞の一つが無限増殖を繰り返すということは，まるで単細胞生物になってしまったかのように，多細胞生物の一員としての役割を放棄して，ほかの細胞がどうだろうがかまわずに増殖し続ける，ということである。言ってみればがん細胞は，細胞周期のコントロールが利かなくなった細胞である，ということができる。

　外傷によって損傷した組織が再生されるのは，外傷という刺激によって，その周囲の細胞が**増殖因子**を放出し，それを細胞表面の**受容体**で受け取った細胞が分裂を始める（細胞周期でいえば，G_0期からG_1期へと移行する）からである。G_0期からG_1期への移行のきっかけとなるのがこれらのタンパク質であり，これらが正常にはたらくことで，細胞は増殖すべきときに増殖し，増殖すべきではないときは増殖しない。しかし，これらが正常にはたらかないとき，細胞は増殖すべきではないときにも増殖してしまう。

　一例を挙げると，上皮成長因子（epidermal growth factor：EGF）という増殖因子を受け取る受容体（EGF receptor：EGFR）の遺伝子がある。この受容体は，自身がタンパク質をリン酸化する能力を持っており，EGFが結合するとその活性をはたらかせ，細胞質内のタンパク質をリン酸化する。これが最初のきっかけとなり，タンパク質リン酸化の流れが一気に細胞核へと伝わり，その結果，G_0期からG_1期への移行が起こる。ところが，ある種のがん細胞では，このEGFR遺伝子に変異が生じた結果，作られたEGFRが，EGFが結合しなくてもタンパク質リン酸化活性を発揮するようになってしまうことが知られている。増殖因子がなくても，G_0期からG_1期への移行が生じる。まさに細胞周期コントロールの破綻である。

　細胞周期の〝エンジン〟としてはたらくのは，**CDK／サイクリン**ファミリーであることは本文で述べたとおりである。G_0期からG_1期への移行，そしてさらにS期，M期への移行には，CDK／サイクリンが**Rbタンパク質**と呼ばれるタンパク質をリン酸化することが重要であることも述べた。このRbタンパク質は，ある種のがんでその遺伝子に異常があり，うまく機能していないことが知られており，それゆえに*Rb*遺伝子は**がん抑制遺伝子**と呼ばれている。

　Rbタンパク質は，G_0期では細胞周期を進行させる転写因子と結合することでその

はたらきを抑えているが，CDK／サイクリンにより高リン酸化（数ヵ所〜数十ヵ所のセリン，トレオニン残基がリン酸化される）されると不活性型となり，転写因子などをリリース（遊離）することで，細胞周期が進行する。このRbタンパク質がうまくはたらかないということは，つねに転写因子がリリースされた状態となっているということであり，その結果として，細胞はつねに細胞周期を進行させる状態になっているということである。これもまた，細胞周期コントロールの破綻であるといえる。

　ほとんどのがん細胞では，このような細胞周期に関わる遺伝子に異常が生じていることが明らかとなっており，いかにそのコントロールが重要であるかがわかる（**表3－1**）。

表3－1　細胞周期の異常をもたらすがん遺伝子と関連するがん

がん遺伝子	主なタンパク質の種類	関連するがん
cdk4-mdm2-sas-gli*	CDK	肉腫
cdk6	CDK	神経膠腫
cyclin E	サイクリン	胃がん
cyclin D1-exp1-hst1-ems1*	サイクリン	乳がん，扁平上皮がん
N-ras	転写因子	頭頸部がん
c-myc	転写因子	白血病
L-myc	転写因子	肺がん
N-myc-DDX-1*	転写因子	神経芽腫，肺がん

＊複数の遺伝子が同時に異常をきたしている
（Weinberg著，武藤誠ほか訳『ワインバーグ　がんの生物学』を参考に作成）

第 3 講 の ま と め

1.▶　すべての細胞は，その親の細胞の「分裂」によって生じる。

2.▶　肝細胞などの細胞は，細胞の外から「増殖シグナル」がもたらされ，細胞側の「受容体」で受け取ることがきっかけとなり，分裂を開始する。

3.▶　細胞の分裂は，時計の針が何度も回るように周期性を帯びていることから，これをコントロールするしくみ，あるいはその現象そのものを「細胞周期」という。細胞周期の進行には，「サイクリン依存性タンパク質キナーゼ（CDK）」と「サイクリン」が中心的な役割を果たす。

4.▶　細胞周期のうち，細胞が分裂期に入って最初に迎えるのが，DNAの複製の

準備を行う時期であり，これを「ギャップ期（G₁期）」という。

5. ▸ G₁期には，細胞の状態が次のS期へと進行させるために適切な状態になっているかをチェックする時点があり，これを「チェックポイント（G₁チェックポイント）」という。

6. ▸ DNA複製が行われる時期を「DNA合成期（S期）」といい，この時期の進行にはCDK2／サイクリンE（またはA）が重要な役割を果たす。

7. ▸ DNA複製は，一方のDNA鎖を鋳型として，それと相補的なもう一方のDNA鎖を合成する反応であり，その触媒となる「DNAポリメラーゼ」という酵素によって進行する。真核生物ではDNAの至るところに「複製開始点」と呼ばれるポイントがあり，「複製開始点認識複合体（ORC）」によって認識され，DNA複製がスタートする。

8. ▸ 複製フォークの進行方向と同じ方向へと連続的にDNAが合成されるDNA鎖を「リーディング鎖（先行鎖）」，短いDNA断片である「岡崎フラグメント」が断続的に合成されるDNA鎖を「ラギング鎖（遅延鎖）」という。

9. ▸ DNAポリメラーゼは，鋳型となる一本鎖DNAだけではDNA合成を開始することができず，必ず「プライマー」と呼ばれる足場が必要となる。

10. ▸ 真核生物のDNAは線状DNAであり，複製する際にラギング鎖側が少しずつ短くなり，一定の長さにまで短くなると細胞の分裂ができなくなるという「テロメア複製問題（末端複製問題）」を有する。一方がん細胞や生殖細胞では，分裂限界にならないようテロメアを維持する酵素「テロメラーゼ」が発現している。

11. ▸ 細胞周期のうち，細胞分裂のための準備を行ったり，複製されたDNAが正確なものであるかをチェックする時期があり，これを「ギャップ期（G₂期）」という。

12. ▸ 細胞の分裂期を「有糸分裂期（M期）」といい，前期，前中期，中期，後期，終期の核分裂期と，細胞質分裂期に大別される。

13. ▸ M期では，微小管から成る「有糸分裂紡錘体」の形成，「核膜」の崩壊，「中期染色体」の凝縮など大きな構造的な変化が見られる。

第 **4** 講

遺伝・減数分裂と
DNA 修復

4-1 遺伝と減数分裂

》遺伝の法則

　親の形質が子に伝わる——平たくいえば，子が親に似る——ことは古来知られていたが，そのしくみを科学的に確かめた最初の人が，オーストリアの修道士メンデルである。

　メンデルは，自身が勤めるオーストリア・ブルノの修道院の庭でエンドウを栽培し，その交配実験を行いながら，エンドウのいくつかの形質がどのように次の世代へ伝わるかに着目し，ある一定の法則が存在することを見いだして，その成果を「植物雑種に関する実験」という論文にまとめ，1865年に発表した。この法則が現在**メンデルの法則**と呼ばれるものである。しかしながら，メンデルのこのときの発表は，当時の生物学者たちからは注目されず，ようやくそれが認められたのはメンデルの死後の1900年に，ド・フリース，コレンス，チェルマクという3人の生物学者によって独立にこの法則が再発見されたときであった。

　メンデルの法則は，「優性の法則」「分離の法則」「独立の法則」という3つの基本的な法則から成るが，これらの法則を知るために必要な概念が，「対立遺伝子」と「対立形質」という概念である。

　多くの動物や植物の細胞には，相同染色体が2本ずつ存在する。これを「核相が$2n$」または「二倍体」という。ということは，その細胞には同じ遺伝子が2個ずつ存在するということである。母親に由来する遺伝子と，父親に由来する遺伝子だ。この両者が同じ遺伝子である場合，それが2個ある状態を**ホモ接合体**というが，中にはどちらかの遺伝子に変異が存在する場合もあり，そのような状態を**ヘテロ接合体**という。

　メンデルは，エンドウの7つの対立形質，つまりエンドウマメの形，色などの7つの特徴に着目して交配実験を行った。このうち，「豆に皺がよるか」，あるいは「滑らかであるか」という形質を例にとり，その形質をもたらす遺伝子をAあるいはaであるとする。この場合，遺伝子Aが正常であればその豆は「滑らか」だが，その遺伝子Aに変異が入ると（遺伝子a），豆に「皺がよる」。このとき，遺伝子Aと遺伝子aの関係を**対立遺伝子**といい，それぞれの対立遺伝子によりもたらされ

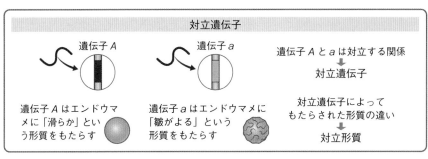

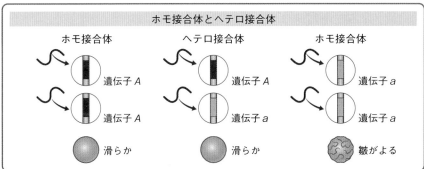

図4－1 対立遺伝子と対立形質

る，豆が滑らかか，皺がよるかという形質のことを**対立形質**というのである。またこの場合，*AA*と*aa*がホモ接合体，*Aa*がヘテロ接合体である（**図4－1**）。

》優性の法則

　メンデルによるエンドウの実験では，ヘテロ接合体では*A*と*a*のうち*A*の性質が表に現れて豆の表面は「滑らか」となった。このように，対立形質には表に現れやすいものと表に現れにくいものがあり，前者の性質を**優性**，後者の性質を**劣性**という。それぞれの対立遺伝子が両方とも同じ細胞に受け継がれた場合，優性形質のみが現れる場合がある。これを**優性の法則**という（**図4－2**）。

　よりわかりやすい例で，花の色を紫色にする遺伝子*P*と，白色にする遺伝子*p*について説明しよう。2個ある両方の遺伝子が*P*なら，その花の色は紫色になる。両方の遺伝子が*p*なら，その花の色は白色になる。では，*P*と*p*が1個ずつある場合はどうなるかというと，紫と白色で，やはり紫となる。この場合，優性形質が「紫色」で，劣性形質が「白色」ということになるが，けっして，優性は「優れて」い

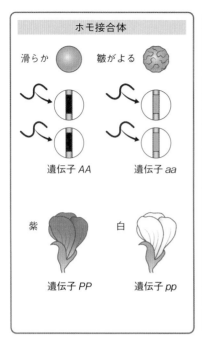
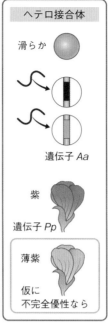

エンドウマメの場合，「滑らか」という形質が優性，「皺がよる」という形質が劣性である

この花の場合，「紫」という形質が優性，「白」という形質が劣性である。仮に不完全優性だとすると，花の色は折衷型（たとえば薄紫）になる

図4−2 優性の法則

て，劣性は「劣って」いるわけではない。紫色も白色も両方とも発現するのだが，見かけ上，紫色が〝目立つ〟ため，白色が〝見えない〟だけである，ともいえる。そこで，この言い方は誤解を招くということで，優性は「表に現れる」という意味で**顕性**，劣性は「表に現れず，隠れている」という意味で**潜性**と，それぞれ用語が変わることになるはずだ。すでに2017年，日本遺伝学会により用語の改訂が提案されている。

エンドウの花は紫色のみが現れる**完全優性**だが，一方でキンギョソウの花のように，赤と白の花がそれぞれ優性，劣性だとすると，両方の遺伝子を持つヘテロ接合体では「ピンク色」となる場合もある。これを**不完全優性**という。また，2つの対立遺伝子がともに同じように機能する場合，ヘテロ接合体では，それぞれの形質が両方現れることがある。このような性質を**共優性**という。私たちの血液型が最も典型的だろう。その場合，A型とB型を決める遺伝子が対立遺伝子である。両方があればAB型になるというのは，どちらの遺伝子の形質も表に現れるからにほかならない。A型とB型を決める遺伝子は「糖転移酵素」と呼ばれる酵素の遺伝子で，A型はN−アセチルガラクトサミンという糖を，B型はガラクトースという糖を，そ

れぞれ赤血球表面に付加する遺伝子である。A型とB型はそれぞれ一方を持つのみだが，AB型は両方の遺伝子を持つため，赤血球表面には両方の糖が付加される。どちらの遺伝子の形質も表に現れる，とはそういうことである。

》**分離の法則・独立の法則**

　さて，こうした一対の対立遺伝子（Aとa，あるいはPとp）は，生殖細胞系列において配偶子が作られる際の減数分裂で，融合することなくそれぞれが別々の配偶子に分かれる。すなわち，Aとaは別の配偶子に分かれ，Aとaがともに同じ配偶子に入っていくことはない。これを**分離の法則**という**（図4－3）**。これは，対立遺伝子が父由来，母由来の各染色体に存在するということに鑑みれば，おのずと理

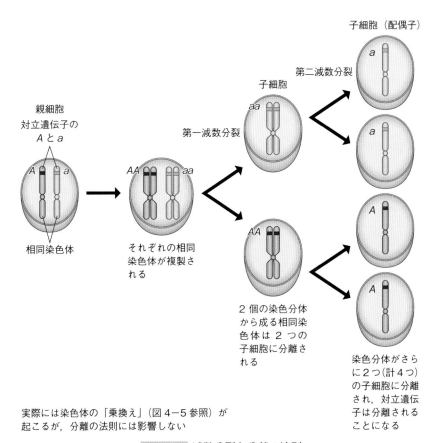

図4－3 減数分裂と分離の法則

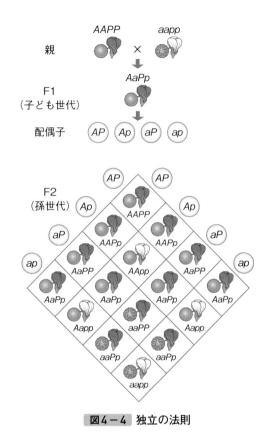

図4−4 独立の法則

解できることであろう。

　さらに，2対以上の対立遺伝子が配偶子に分配される際には，原則としてお互いに独立して分配される。これを**独立の法則**という（**図4−4**）。ただ現在では，複数対の対立遺伝子が同じ染色体上にあって位置が接近している場合，配偶子が作られる際にいっしょに行動する**連鎖**という現象が知られている。この現象を発見したのは，2−2節で登場したアメリカのトーマス・モーガンであり，キイロショウジョウバエを用いた研究によってであった。このことから，メンデルが提唱した独立の法則は，必ずしもすべてに当てはまるものではないことが明らかとなっている。

≫減数分裂

　分離の法則は，生殖系列の細胞が，通常の細胞分裂とは異なる分裂を行うことに

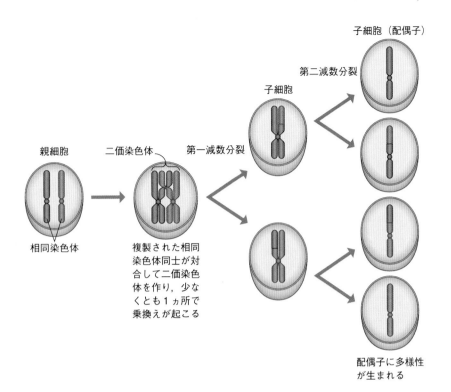

図4－5 減数分裂と乗換え

よって成り立つ法則である。1対，すなわち2個の対立遺伝子が別々の配偶子に受け渡されるということは，2個の対立遺伝子のうち1個だけが，1つの配偶子に受け渡される，ということにほかならない。2個が1個になる。つまり**減数分裂**である。

　減数分裂は，生殖細胞系列の細胞のうち，卵原細胞（卵祖細胞）もしくは精原細胞（精祖細胞）から卵，精子をそれぞれ作る過程で行われる。卵について記すと，卵原細胞の一部が一次卵母細胞となると，第一減数分裂が始まる。第一減数分裂では，複製された**相同染色体**（父由来，母由来の計2つある）同士が対合して**二価染色体**を作り，このときに相同な遺伝子間での**乗換え**が生じ，生殖細胞の遺伝的多様性が生まれる**（図4－5）**。その後二価染色体は2つに分かれて両極へと引っ張られ，第一減数分裂が完了する。続いて第二減数分裂が始まるが，この過程は通常の体細胞分裂と同じである。ただし，第二減数分裂が始まった時点では，すでに染色体は複製された状態になっている，というところが，通常の体細胞分裂とは違うポイントだ。

　こうして，2個の対立遺伝子は引き離され，うち1個だけが，卵もしくは精子へと受け継がれるのである。

≫ハーディー・ワインベルクの法則

　以上のような振る舞いをする対立遺伝子Aならびにaの存在を想定すると，興味深いことに，それぞれの生物の集団のサイズが十分に大きく，自由な交配（生殖）が保障されていた場合，集団全体の中に存在する対立遺伝子Aとaの割合（これを**遺伝子頻度**という）は，何世代を経ても変わらない。言い換えると，AAの出現頻度，Aaの出現頻度，aaの出現頻度は，どの世代であってもつねに不変である。この法則を**ハーディー・ワインベルクの法則**といい，1908年にイギリスのハーディー（1877〜1947）とドイツのワインベルク（1862〜1937）によって，それぞれ独立に提唱されたものである。

　ただ，この法則が成り立つのは，上述したように，その生物の集団サイズが十分に大きく，自由な交配が保障されている場合であり，さらにこれらに加えて，ほかの集団との間に個体の出入りが起こらず，対立遺伝子の間で生存や生殖に対して有利・不利がはたらかず，そして突然変異が起こらないという，言ってみれば〝きわめて理想的な″条件が必要となる。

　このような条件を満たす生物集団は，地球上には存在しないと考えられているため，生物におけるそれぞれの対立遺伝子の遺伝子頻度はどうしても少しずつ変化していく。その結果，生物は**進化**することになる。

　1000年，万年，何十万年以上のスパンで見ると，遺伝子頻度は少しずつ変化するとはいえ，数世代から数十世代程度のスパンで見ると，私たち生物の遺伝子は，きわめて正確に親から子へと受け継がれる。遺伝子頻度の観点から見た場合でもそうだが，より細かく，それぞれの遺伝子を個別に見た場合でも，その情報（DNAの塩基配列）は非常に正確に親から子へと受け継がれるのである。これを可能にしているのは，DNA複製反応の正確さと，精緻な修復メカニズムの存在があるがゆえである。

4-2 DNAの修復

》DNAポリメラーゼは複製エラーを起こす

3−3節で述べたように，DNAポリメラーゼはヌクレオチドの重合反応（ホスホジエステル結合の形成反応）を触媒する酵素であって，相補的な塩基の対合反応を直接触媒する酵素ではない**（図4−6）**。したがって，多くの重合反応の触媒としてはたらいている途中に，ごくたまに間違った塩基を対合させてしまうこともある。これを**複製エラー**という。

DNAポリメラーゼが複製エラーを起こした結果，その部分に生じた新たな塩基対は，AとT，GとCが対合した〝正しい〟塩基対ではなく，AとC，GとTなどといった，通常とは異なる塩基対となる。このように，正しくマッチしていない塩基対のことを**ミスマッチ塩基対（図4−7）**と呼び，修復の対象となる。

複製エラーは，DNAポリメラーゼの種類によってその起こりやすさが異なると

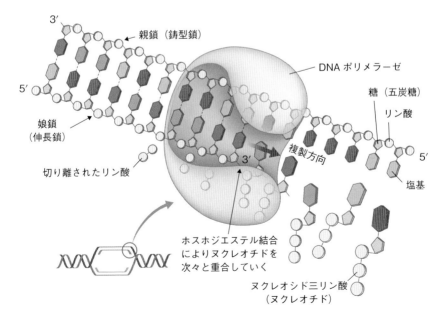

図4−6 DNAポリメラーゼによって合成中のDNA（図3−9を再掲）

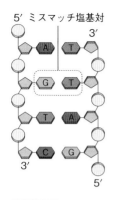

5′ ミスマッチ塩基対
3′

3′
5′

図4-7 ミスマッチ塩基対

考えられている。その起こりやすさには,「エキソヌクレアーゼ」と呼ばれる修復のための酵素活性の有無が,大きく影響しているからである。

》 エキソヌクレアーゼ

　本来,DNAポリメラーゼは〝消しゴムの付いた鉛筆″である。すなわち,DNAポリメラーゼが複製エラーを起こしても,すぐさまそのエラーを修復してくれる便利な〝消しゴム″機能が,DNAポリメラーゼ自体にきちんと備わっているのである。それが**エキソヌクレアーゼ**としての機能だ(図4-8)。

　エキソヌクレアーゼとは,DNAやRNAなどの核酸分子を,端から順番に分解する反応を触媒する酵素の総称である。独立したタンパク質として存在する場合もあれば,あるタンパク質の一部に,エキソヌクレアーゼ活性を持つ部分が存在する場合もある。DNAポリメラーゼの場合は後者であり,DNAポリメラーゼの同じ分子内に,エキソヌクレアーゼとしてはたらく部分がある。DNAポリメラーゼが5′から3′の方向へとDNAを合成し,誤った塩基対を作ってしまうと,それが立体障害(いつもとは違う構造ができると,「鍵と鍵穴」の関係を重視する酵素は,すぐにそれを認識できる)となり,すぐさまエキソヌクレアーゼがはたらき,DNAポリメラーゼ全体が逆の方向(3′から5′の方向)に動いて,誤った塩基を含むヌクレオチドを削除するのである。こうした場合のエキソヌクレアーゼを「3′→5′エキソヌクレアーゼ」という。

　ところが,DNAポリメラーゼの中には,この〝消しゴム″機能を持たないものがある。プライマーゼを付随させた「DNAポリメラーゼα」である。正確には,DNAポリメラーゼαもかつてはエキソヌクレアーゼ活性を持っていたが,進化の過程で失ってしまったと考えられている。一方,DNA鎖伸長反応をリーディング鎖,ラギング鎖それぞれで担うDNAポリメラーゼε,DNAポリメラーゼδにはエキソヌクレアーゼ活性が存在する。したがって,DNAポリメラーゼεとDNAポリメラーゼδは複製エラーを起こしても直しやすく,DNAポリメラーゼαはこれらよりも直しにくい。もっとも,DNAポリメラーゼαが実際に合成するDNAはわずかであるため,この酵素にエキソヌクレアーゼが備わっていなくても,DNA全体と

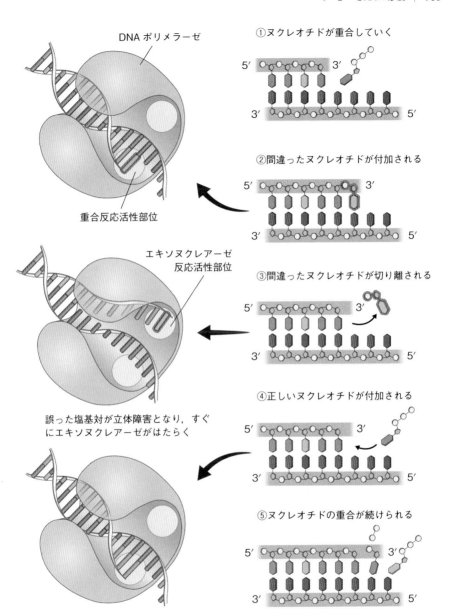

DNA ポリメラーゼ

重合反応活性部位

エキソヌクレアーゼ
反応活性部位

誤った塩基対が立体障害となり，すぐ
にエキソヌクレアーゼがはたらく

①ヌクレオチドが重合していく

5′　　　　　　　　　　　3′

3′　　　　　　　　　　　5′

②間違ったヌクレオチドが付加される

5′　　　　　　　　　　　3′

3′　　　　　　　　　　　5′

③間違ったヌクレオチドが切り離される

5′　　　　　　　　　　　3′

3′　　　　　　　　　　　5′

④正しいヌクレオチドが付加される

5′　　　　　　　　　　　3′

3′　　　　　　　　　　　5′

⑤ヌクレオチドの重合が続けられる

5′　　　　　　　　　　　3′

3′　　　　　　　　　　　5′

図4－8 エキソヌクレアーゼによる修復

しては，それほど支障はないともいえる。

　なお，エキソヌクレアーゼが備わってはいても，結果的に修復されずに残ってしまう複製エラーも，ある確率で存在すると考えられている。こうした複製エラー（ヒトの場合，1つの細胞における1回の複製につき，数十〜数百個程度は残るといわれるが，正確なところはわかっていない）は，複製後に「ミスマッチ修復」と呼ばれる修復メカニズムによって除去され，正しい塩基対へと修復される。

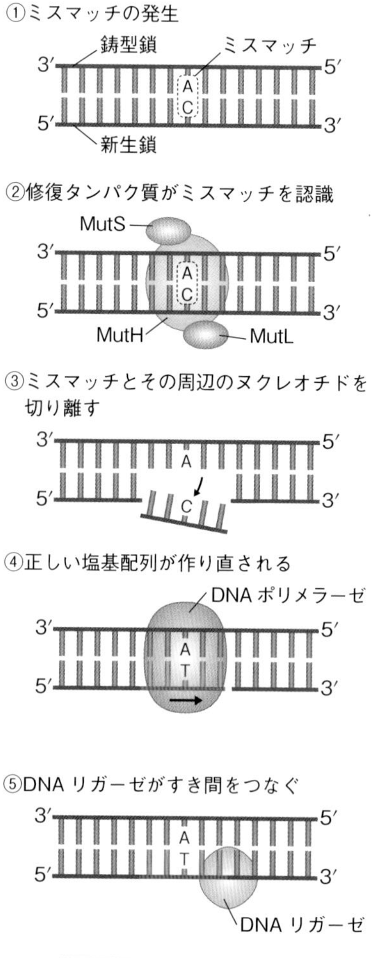

≫ミスマッチ修復

①ミスマッチの発生

②修復タンパク質がミスマッチを認識

③ミスマッチとその周辺のヌクレオチドを切り離す

④正しい塩基配列が作り直される

⑤DNAリガーゼがすき間をつなぐ

図4−9　ミスマッチ修復

（大腸菌の場合）

　DNAが複製する際にDNAポリメラーゼによって引き起こされる複製エラーでは，本来の正しい塩基対（AとT，もしくはGとC：「ワトソン・クリック塩基対」と呼ぶ）以外の塩基対が生じることがある。これが「ミスマッチ」である。このミスマッチがほかの損傷と異なるのは，ミスマッチとはいえ，両方の塩基は本来の塩基そのものであり，別に傷ついたり損傷を受けたりしているわけではないという点である。つまり，修復する酵素の視点からしてみると，ミスマッチ塩基対の2つの塩基のうち「いったいどちらを直せばいいんだ？」ということになる。

　この「識別」はDNAのメチル化がその目印になっていることが明らかとなっている。

　大腸菌のしくみがよく研究されているので，ここでは原核生物のしくみを記す。大腸菌のゲノムには，メチル化された部位が数多く存在するが，複製されたばかりの新生DNA鎖は，メチル化されるまでに数秒程度のタイムラグがあると考えられている。ここで複製時のエラーによりミスマッ

チが形成されると，MutSとMutLという2種類のタンパク質がミスマッチを認識
し，続いてMutHがメチル化されたDNA（鋳型DNA鎖）を認識する。これら3つ
のMutタンパク質が相互作用すると，まだメチル化がなされていない新しく合成
された新生DNA鎖が切り出され，その後をDNAポリメラーゼが正しい塩基配列で
埋め，最後にDNAリガーゼが結び付けるのである（**図4－9**）。

　真核生物でも同様のタンパク質が存在し，同様のメカニズムで**ミスマッチ修
復**[*1]がなされていることが知られている。大腸菌のMutS，MutL，MutHに該当す
るのはヒトではMSH2とMSH6というタンパク質で，やはりどちらが新たに複製
されたDNAであるかを認識するらしい。その後の切り出しと埋め戻しは同じであ
るが，この認識の機構についてはまだよく解明されていない。

》**塩基除去修復とヌクレオチド除去修復**

　通常のAとT，GとCという塩基対は，複製エラーが残されたまま次の複製を迎
えることにより別の塩基対に変化し，これが「突然変異」となる。つまり，複製エ
ラーが起きた段階ではなく，エラーが起きてそれが放置され，1回複製した後の段
階で突然変異となる。たとえば，ある塩基対「A：T」の部分に複製エラーが起こ
り，「A：C」というミスマッチが生じたとする。このエラーが修復されないまま複
製されると，「A」を鋳型としたほうは「A：T」という元と同じ塩基対になるが，
「C」を鋳型としたほうは「G：C」という元とは違う塩基対になる。

　しかしながら，突然変異は複製エラーだけが原因で起こるわけではない。紫外線
や放射線によりDNA（特に塩基）が傷ついたり，有害な化学物質が塩基対の部分
にとりついたりすることによっても生じる。

　紫外線による塩基の傷つきは，最も頻繁に起こるDNA損傷の一つである。その
中でもとりわけよく起こるのが，隣り合ったピリミジン塩基が共有結合で結び付い
てしまう**シクロブタン型ピリミジンダイマー**と呼ばれる損傷だ（**図4－10**）。この損

MEMO

*1 **リンチ症候群**（ミスマッチ修復機構の異常）大腸をはじめ，子宮，胃，小腸，膵臓，卵巣などさまざま
な臓器の発がんリスクが高まる遺伝性腫瘍症候群の一つ。かつては遺伝性非ポリポーシス大腸がんと呼ば
れていた。患者のがん細胞ではマイクロサテライト領域の繰り返し配列が長くなったり短くなったりする
異常が起きている。これはミスマッチ修復酵素の機能低下によりDNA複製時のエラーが修復されないこ
とが原因である。ミスマッチ修復酵素は複数のタンパク質が複合体を形成しており，1つのタンパク質が
変異を起こしただけでも修復機能は低下・欠損してしまう。すでに複数の原因遺伝子が同定されている。

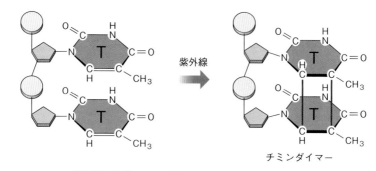

図4−10 シクロブタン型ピリミジンダイマー

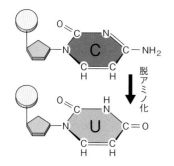

図4−11 シトシン（C）と
ウラシル（U）

傷は，紫外線によるDNA損傷のじつに9割にも上ると考えられている。ほかにも，化学物質が結合してしまうもの，遊離放射線などに起因するDNAの一本鎖切断，塩基の喪失，アルキル化剤や酸化的損傷などによる塩基の修飾など，さまざまな損傷が日々，時々刻々と，私たちのDNA上に生じている。

こうしたDNA損傷は，通常は塩基除去修復，ヌクレオチド除去修復などのDNA修復機構により除去される。

塩基除去修復が直す損傷としては，C（シトシン）が何らかの原因によって脱アミノ化し，U（ウラシル）が生じるという損傷が有名である（**図4−11**）。その場合，ウラシルをDNAから除去する酵素であるウラシルDNAグリコシラーゼが，まず生じたウラシルをDNAから取り外す。その後，**エンドヌクレアーゼ**と呼ばれる酵素が，塩基が外された後に残った〝土台〟であるデオキシリボースリン酸を除去する。そして「DNAポリメラーゼβ」と呼ばれる修復用DNAポリメラーゼが，その跡を正しいシトシンで埋め，最後にDNAリガーゼがDNAとそのシトシンを結び付ける，というのがそのしくみである（**図4−12**）。

ヌクレオチド除去修復[*2]は，損傷を受けた部分を含めた25〜30塩基ほどの一本鎖DNAが，ヌクレオチド除去修復タンパク質群によって取り外され，その跡をDNAポリメラーゼが正しい塩基配列で埋め，最後にDNAリガーゼが結び付けて修復を終える，というしくみである（**図4−12**）。

ヌクレオチド除去修復は比較的長いDNA合成を行うため，複製用DNAポリメラ

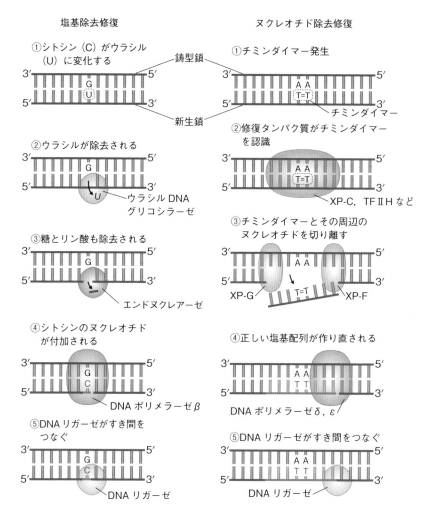

図4−12 塩基除去修復とヌクレオチド除去修復

MEMO

＊2 **コケイン症候群**（ヌクレオチド除去修復機構の異常）さまざまな臨床症状を伴う早老症。特異な老人様顔貌のほかに皮下脂肪の萎縮，低身長，栄養障害，視力障害，難聴などが見られる。ヌクレオチド除去修復機構が遺伝的に欠損しており，紫外線などによるDNA損傷を修復できない。特に転写の際，RNAポリメラーゼはDNA損傷地点にさしかかると一旦停止し，通常ならヌクレオチド除去修復機構が損傷を修復して転写を再開するのだが，修復機構がはたらかないためRNAポリメラーゼは止まったままで転写は再開されない。このことが重篤な病態に結び付くと考えられている。

ーゼであるδ, εが関わると考えられている。

　しかし，もしもこうした損傷がDNAに起こったまま，DNAが複製を迎えるとどういうことになるか。

　すでに述べたように，主たる複製酵素であるDNAポリメラーゼ（α, δ, ε）では，一本鎖DNA，ヌクレオチド，合成しつつある新生鎖の末端にある3′OH基と，酵素の活性中心との間で形成される三次元的構造が，相補的な塩基対を形成するよう促すようになっている。いわば，鋳型となる一本鎖DNAが〝ちゃんとしている〟ことが大前提となっているわけだ。したがって，その大前提が壊れたとき（まさにDNAに損傷がある場合），こうしたDNAポリメラーゼは，その場所に来ると重合反応を停止してしまうのである。

》損傷乗り越えDNA合成

　もしそうなら，私たちの細胞はおそらく，正確なDNA複製をすることも，正常な分裂をすることもできないだろう。除去修復によっても修復されきらなかった損傷は，DNA複製が開始される時点でもかなりの数に上ると考えられているからである。しかし，私たちの細胞は毎日，特に何の異常もなく通常のDNA複製と分裂を遂行しているように見える。いったいなぜだろうか？

　その理由は，私たちの細胞には，こうした事態に対応できる特殊なDNAポリメラーゼが存在するからである。**損傷乗り越え型DNAポリメラーゼ**と呼ばれるもので，真核生物には複数種類が存在することが知られている。代表的なものが，「DNAポリメラーゼζ」「DNAポリメラーゼη」「DNAポリメラーゼι」「DNAポリメラーゼκ」である。

　これらのDNAポリメラーゼには，共通して持つある特徴がある。それは，通常の複製用DNAポリメラーゼ（α, δ, ε）が，複製エラーを起こすとはいえその頻度はきわめて低く，10億回に1回程度〜1000万回に1回程度といった（正確な頻度はまだよくわかっていない）レベルであるのに対して，損傷乗り越え型DNAポリメラーゼは，1000回に1回〜10回に1回などという，非常に高いレベルで複製エラーを起こすという点である。いわば**複製忠実度**が非常に低いのである。

　なぜ複製忠実度が低いDNAポリメラーゼが，損傷乗り越えというきわめて重要な反応を担うようになったのかといえば，損傷を乗り越えるという仕事が，複製忠実度が低いからこそ成せる仕事だったからにほかならない。

》紫外線によるDNA損傷を乗り越えるDNAポリメラーゼη

　考えてもみていただきたい。通常の複製用DNAポリメラーゼがなぜDNA損傷があるところでDNA合成をストップしてしまうのか。それはとりもなおさず，複製忠実度が高いからこそである。マニュアルを隅々まで覚えているような優秀な人間が，いざ何か異常事態があるととたんに何をしていいのかわからずに思考停止してしまうようなものだ。複製忠実度が高いからこそ，おかしな鋳型がそこにあって，鍵と鍵穴がうまく合わなくなると，何もできなくなってしまうのである。

　ところが損傷乗り越え型DNAポリメラーゼは，複製忠実度こそ高くはないが，臨機応変に事に対処できる能力を持っている。

　複製忠実度が低いということはすなわち，鋳型とヌクレオチド，酵素の活性中心，合成されつつある新生DNA鎖の3′OH基から成る立体構造が，通常のDNAポリメラーゼほどきっちりとしていないということである。言うなれば，きちんとした相補的な塩基対ができなくてもいいということだ。

　先ほどご紹介した，紫外線がDNAに当たることで生じるシクロブタン型ピリミジンダイマーのうち，最も多いのが隣り合ったチミン同士が共有結合を形成する**チミンダイマー（図4－13）**である。

　チミンダイマーは，TTという配列に生じるものであるから，本来の相補的な相手は「AA」である。しかし，鋳型にあるT同士が共有結合を形成するという異常な状態になっているために，複製用のDNAポリメラーゼは，その相補的な相手としてAを2個，きちんと置くことができない。ところが，損傷乗り越え型DNAポリメラーゼの一種DNAポリメラーゼηは，その複製忠実度の低さゆえに，鋳型のTTがたとえ共有結合で結び付いてしまっていたとしても，きちんとその相手側にAAを入れることができる**（図4－14）**。

　このDNAポリメラーゼηは，色素性乾皮症[*3]という遺伝性疾患において，その原因遺伝子として花岡文雄（1946～）の研究グループにより1999年に発見されたDNAポリメラーゼである。この疾患は，皮膚が日光に非常に過敏となり，色素沈着や，悪くすると皮膚がんを引き起こすもので，いくつかのタイプがあり，そのうちのほとんどはエンドヌクレアーゼの欠損によることがわかっていたが，XP–

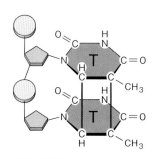

図4－13　チミンダイマー

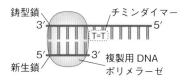

①チミンダイマーでDNAの重合がストップする

鋳型鎖　　　　チミンダイマー
3′　　　　　　5′
T=T
5′　　　　　3′　複製用DNA
新生鎖　　　　　　ポリメラーゼ

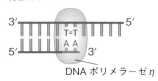

②DNAポリメラーゼηに交代（スイッチ）してアデニン（A）が付加される

3′　　　　　　　　5′
T=T
A A
5′　　　　　　3′
DNAポリメラーゼη

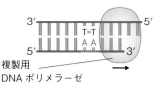

③再び複製用DNAポリメラーゼに交代（スイッチ）して重合が続けられる

3′　　　　　　　5′
T=T
A A
5′　　　　　3′
複製用
DNAポリメラーゼ　→

図4−14 損傷乗り越え型DNAポリメラーゼ

Vと呼ばれるタイプのみ，その原因遺伝子が特定できていなかった。花岡らは1999年，その原因遺伝子がDNAポリメラーゼηであり，その機能の欠損がXP-Vを引き起こすことを明らかにしたのである。

このポリメラーゼは，おそらくつねに複製用DNAポリメラーゼ（α, δ, ε：これらもまた，一つに固まって複合体を形成している）に付随するように存在しており，彼らが複製できない箇所がきたら，すぐさま交代し（ポリメラーゼ・スイッチと呼ばれる），自らに与えられた役割を果たすのであろう。そして「AA」を入れた後は，再び複製用DNAポリメラーゼに道を譲るのである。

≫ たくさんある私たちのDNAポリメラーゼ

これまでα, δ, ε, ηの4種類について詳しく述べてきたが，じつは真核生物のDNAポリメラーゼには，13種類のものがある（α, β, γ, δ, ε, ζ, η, θ, ι, κ, λ, μ, ν）。さらに，鋳型DNAを必要とせず，とにかくヌクレオチドをランダムにくっつける酵素であるターミナルデオキシヌクレオチジルトランスフェラーゼ（TdT），デオキシシチジルトランスフェラーゼ（Rev1），テロメアのリーディング鎖を合成するテロメラーゼ，ならびにDNAポリメラーゼとDNAプライマーゼの両方の活性をもち損傷後DNA合成に関与するプリンポル（Primpol）をDNAポリメラーゼに含めるとすると17種類にも上る。

MEMO

＊3 **色素性乾皮症**（ヌクレオチド除去修復機構の異常・損傷乗り越え複製機構の異常）皮膚の乾燥，色素沈着を呈し，皮膚がんを高率に発症する。A〜G群およびV型の8つのタイプに分かれる。A〜G群はヌクレオチド除去修復機構に関わるタンパク質が遺伝的に欠損しており，V型はヌクレオチド除去修復機構は正常だが損傷乗り越え複製に関わるDNAポリメラーゼηが遺伝的に欠損している。そのため紫外線などによる損傷を受けた遺伝子が修復されないため皮膚がんのリスクがきわめて高くなる。なお，ヌクレオチド除去修復機構は正常なためV型のほうが症状は軽いといわれている。

表4−1 真核生物のDNAポリメラーゼ

分類	主なはたらき	DNAポリメラーゼの名称
A型	DNAの複製や修復に関わる	DNAポリメラーゼγ
		DNAポリメラーゼθ
		DNAポリメラーゼν
B型	DNAの複製に関わる	DNAポリメラーゼα
		DNAポリメラーゼδ
		DNAポリメラーゼε
		DNAポリメラーゼζ
X型	DNAの修復（除去修復）に関わる	DNAポリメラーゼβ
		DNAポリメラーゼλ
		DNAポリメラーゼμ
		ターミナルデオキシヌクレオチジルトランスフェラーゼ（TdT）
Y型	損傷乗り越え型DNAポリメラーゼ	DNAポリメラーゼη
		DNAポリメラーゼι
		DNAポリメラーゼκ
		デオキシシチジルトランスフェラーゼ（Rev1）
その他	テロメア合成	テロメラーゼ
	損傷後DNA合成	プリンポル（Primpol）

　これらは大きく，A型，B型，X型，Y型およびその他に分類され，これまで紹介してきたα，δ，εなどの複製のメイン酵素はB型に，ηはY型に分類される（**表4−1**）。

　B型に含まれるのはα，δ，εのほかにζがあり，Y型に含まれるのは，η以外にはι，κ，そしてRev1がある。このζ，ι，κ，Rev1は，ηと同様，DNA複製時における「損傷乗り越え」に関わるDNAポリメラーゼである。塩基除去修復に関わるβはX型に属しており，ほかにλ，μ，TdTがこれに含まれる。

　一方A型は，ミトコンドリアのDNA複製を行う「DNAポリメラーゼγ」をはじめ，θ，ν，πが知られている。

　ここでは損傷乗り越え型DNAポリメラーゼの中で，比較的研究が進んでいるものについて述べたい。

　「DNAポリメラーゼκ」は，ベンゾピレンなどに代表される発がん物質がDNAに結合してしまった場合に，乗り越えることができるDNAポリメラーゼであり，「DNAポリメラーゼι」はηと同様，紫外線によるDNA損傷を乗り越えるが，ηの

ようなシクロブタン型ピリミジンダイマーではなく，**6-4光産物**と呼ばれる別の形をしたピリミジンダイマーを乗り越えることができるDNAポリメラーゼである。「Rev1」は鋳型を必要とせず，塩基が欠失した部分に塩基の一つシトシン（C）を入れる（たとえ元の相手がGでなくてもCを入れる）活性を有する。「DNAポリメラーゼζ」（B型だがはたらきは損傷乗り越えと共役して起こる）は，ミスマッチをそのままにしてDNA鎖を伸長することができる活性を持つとともに（α，δ，εにはミスマッチからDNA鎖を伸ばすことができない），アフラトキシンB_1などの毒性物質がDNAに結合した部分を乗り越えることができることが報告されている。DNAポリメラーゼζは，複製がストップするというリスクを避けるために，わざとミスマッチをそのままにして伸長反応を続けようとするのかもしれない。

　こうしたDNAポリメラーゼの一群が，複製用DNAポリメラーゼ（α，δ，ε）と協調して，遅滞なくDNA複製が進むようにしているのである[*4]。

コラム ❹

複製スリップとDNA鑑定

　DNAポリメラーゼが引き起こす〝エラー〟は，何も一塩基のミスマッチ形成だけではない。もっと大がかりな〝エラー〟を起こすこともある。

　たとえば，私たちのゲノムの中には，何回も同じ塩基配列が繰り返している部分があちらこちらに存在する。**縦列反復配列**と呼ばれ，繰り返しの単位となる塩基配列が短いもの（数塩基〜数十塩基程度）を**マイクロサテライト**（2－4節参照），それよりも長いものを**ミニサテライト**と呼んでいる。

　DNAポリメラーゼが，数塩基程度の繰り返し配列を鋳型としてDNA合成を行おう

MEMO

[*4] **毛細血管拡張性運動失調症**（DNA修復機構の異常〈二本鎖切断〉）高頻度の悪性腫瘍発生，免疫不全症を伴う進行性の運動失調症。遺伝性の疾患である。*ATM*遺伝子の変異によるATMという巨大タンパク質の機能低下・欠損を原因とする。ATMはDNA損傷修復反応，特に二本鎖切断の修復に重要な役割を果たす。生体にとってダメージの大きい二本鎖切断に反応して活性化し，増殖の途中であるなら細胞周期を一時的に停止し，二本鎖切断の修復，あるいは損傷が甚大な場合はアポトーシスに関与する。

　ファンコニ貧血（DNA修復機構の異常〈二本鎖間架橋〉）年齢とともに徐々に再生不良性貧血が進行し，さらに白血病やがんを起こしやすい遺伝性疾患。DNA修復に関わる遺伝子に変異が生じ，DNA二本鎖間架橋というタイプの損傷を修復できないことが原因。放射線や薬剤，あるいは体内で生じるアセトアルデヒドなどによりDNA二本鎖は架橋され強固に結び付き，複製や転写を阻害する。ファンコニ貧血では修復機構が機能しないため，架橋部位が無理に引きはがされてちぎれ，DNA損傷が蓄積し，がんを発症すると考えられる。

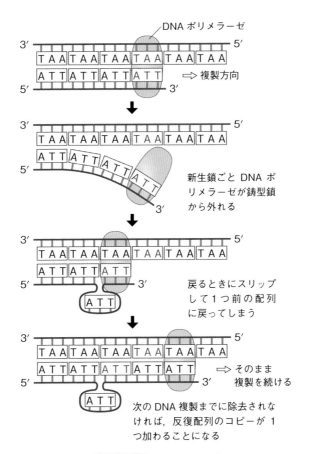

DNA ポリメラーゼ

⇨ 複製方向

新生鎖ごと DNA ポリメラーゼが鋳型鎖から外れる

戻るときにスリップして1つ前の配列に戻ってしまう

⇨ そのまま複製を続ける

次の DNA 複製までに除去されなければ，反復配列のコピーが1つ加わることになる

図4-15 複製スリップ

とする場合，鋳型の上を〝スリップ〟してしまう場合がときどきあることが知られている。これを**複製スリップ**という（**図4-15**）。鋳型を飛び越えてしまうことにより，新生 DNA 鎖が短くなってしまう場合と，鋳型を後ろ向きに滑ってしまうことにより，新生 DNA 鎖が長くなってしまう場合がある。DNA ポリメラーゼは，つねに鋳型 DNA 鎖と強固に結合し続けているようなイメージがあるが，実際にはときどき鋳型 DNA 鎖から離れては再び結合し，離れては結合し，を目にもとまらぬ速さで繰り返しながら，新生 DNA 鎖を合成していると考えられている。その，ちょっとした鋳型 DNA 鎖からの遊離の際には，おそらく DNA ポリメラーゼはそれまで合成してきた新生 DNA 鎖もいっしょに引き連れる形で，すなわち新生 DNA 鎖ごと鋳型から外れる。これが元に戻るとき，繰り返し配列ではない塩基配列の場合は，相補性の壁があるのできち

120

んと元の位置に戻るが，数塩基の繰り返し配列の場合，1つずれたところに戻っても，塩基配列自体は同じなので，そのままDNA合成が進められてしまうのである。

　このDNAポリメラーゼの性質からいえることは，縦列反復配列は，DNAが複製するたびに繰り返しの数を変化させる可能性がある，ということであるが，といっても，1回のDNA複製のたびに数が変化するほど，複製スリップは頻繁に起こる現象ではないと考えられている。しかし，世代交代を経るうちには，徐々にその繰り返しの数が変化していき，その結果，私たちのゲノム中に存在する縦列反復配列は，個人ごとにその数が異なることになる。複数箇所の縦列反復配列を組み合わせて考えれば，その数の多様性は，世界人口を大きく上回ると考えられている（ただし，複製スリップ以外にも，相同組換えなどにより反復配列が伸び縮みするとも考えられている）。

　イギリスのアレック・ジェフリーズ（1950〜）は，このような縦列反復配列の多様性，すなわち**DNA指紋**の存在を1985年に発表し，これを使うことにより，個人をDNAレベルで識別することが可能であることを示した。こうして行われるようになったのが**DNA鑑定**である。

　DNA鑑定は，複数種類のマイクロサテライトの繰り返しの数を調べることで，個人を特定する方法である。これはその人特有であり，犯罪捜査における個人の特定や，さらに父親，母親との関係も明確に知ることができるため，親子鑑定にも用いられている。

第4講のまとめ

1. ► オーストリアの修道士メンデルにより発表された遺伝の法則は，「優性の法則」「分離の法則」「独立の法則」という3つの基本的な法則から成る。
2. ► 優性の法則により説明された「優性」「劣性」は，それぞれ「表に現れる」「表に現れず，隠れている」という意味であることから，現在では「顕性」「潜性」という用語への改訂が提案されている。
3. ► 分離の法則は，生殖系列の細胞が通常の細胞分裂とは異なる分裂を行うことによって成り立つ法則であり，そのような分裂を「減数分裂」という。
4. ► 減数分裂は，第一減数分裂，第二減数分裂から成る。第一減数分裂では，複製された「相同染色体」同士が対合して「二価染色体」を作り，このときに相

同な遺伝子間での「乗換え」が生じることにより，生殖細胞の遺伝的多様性が
生まれる。

5.▸ DNA複製時に，DNAポリメラーゼはごくたまに間違った塩基を対合させて
しまうことがあり，これを「複製エラー」という。その結果生じる間違った塩
基対を「ミスマッチ塩基対」という。

6.▸ DNAポリメラーゼに付随する「エキソヌクレアーゼ」は，複製エラーによ
り生じたミスマッチ塩基対をすぐさま感知し，除去修復する酵素である。

7.▸ エキソヌクレアーゼにより除去修復されなかったミスマッチ塩基対は，「ミ
スマッチ修復」機構により除去修復される。

8.▸ シトシンの脱アミノ化によるウラシルの生成などの損傷は，「塩基除去修復」
がはたらいて修復される。「ヌクレオチド除去修復」は，損傷を受けた部分を
含めた25～30塩基ほどの一本鎖DNAを除去し，修復する際にはたらく。

9.▸ DNA複製時にこうしたDNA損傷があると，通常のDNAポリメラーゼは
DNA合成をストップさせてしまうが，「損傷乗り越え型DNAポリメラーゼ」
は，損傷部位を乗り越えてDNA複製を進行することができる。

10.▸ シクロブタン型ピリミジンダイマーのうち「チミンダイマー」と呼ばれる損
傷は，「DNAポリメラーゼη」と呼ばれる損傷乗り越え型DNAポリメラーゼ
によって乗り越えることができる。

遺伝子発現のしくみ
～転写～

5-1 RNAとは

≫ セントラルドグマとRNA

1－4節で扱った**セントラルドグマ**について思い出していただきたい（**図5－1**）。

生命のセントラルドグマは，RNAを抜きにしては語れない。なぜならRNAこそがセントラルドグマの諸過程における中心的な分子であり，その〝遂行者〟であるといえるからである。

そこには，RNAはDNAとタンパク質をつなぐ分子であるという以上に，奥の深いメカニズムがあり，RNA自身の生物学的重要性が存在する。確かに遺伝子の本体はDNAであり，その中心性はゆるぎないともいえるが，それが中心的であり続けることができるのは，ひとえにRNAという存在のゆえである。

本講では，そうしたRNAのはたらきを中心に，セントラルドグマのしくみについて取り扱うことにする。

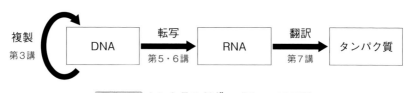

図5－1 セントラルドグマ（図1－16を再掲）

≫ RNAの構造

第1講・第2講で，DNAは，塩基，糖（デオキシリボース），リン酸から成るヌクレオチド（デオキシリボヌクレオチド）を構成単位として成り立っていると述べた。一方，**RNA（リボ核酸）**は，〝DNAの姉妹分子〟とも称される分子であり，その構造はDNAときわめてよく似ている。

RNAの単位も，ヌクレオチドである。しかしながらその中身がDNAの単位であるデオキシリボヌクレオチドとはやや異なる。RNAの単位であるヌクレオチドは，塩基，リン酸，そして五炭糖として「リボース」から成る「リボヌクレオチド」で

ある。デオキシリボースが，2位（2′）の炭
素に水素（H）が結合しているのに対し，リ
ボースは，2位（2′）の炭素に水酸基（OH
基）が結合した構造をとっている（**図5－2**）。

さらに，DNAの単位であるデオキシリボ
ヌクレオチドの場合，塩基はA（アデニン），
G（グアニン），C（シトシン），T（チミン）
の4種類だが，RNAの単位であるリボヌク
レオチドの場合，塩基が4種類であることは
同じで，さらに使用される塩基のうちA，
G，Cまでは同じだが，最後の1種類は，T
の代わりに**U**（**ウラシル**）が用いられること
になっている（**図5－2**）。

DNAとRNAで使用塩基が異なるのはなぜか。もともとDNAはRNAから進化し

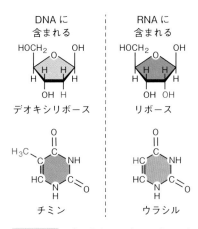

図5－2 デオキシリボースとリボース，チミンとウラシル

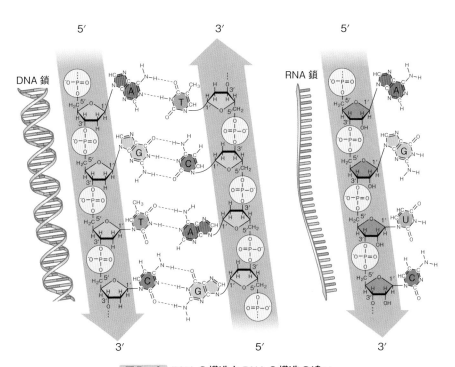

図5－3 DNAの構造とRNAの構造の違い

第5講 遺伝子発現のしくみ～転写～

たものだと考えられている。DNAのように二本鎖を形成する核酸では，きちんとした修復系が備わっている。なぜなら，一方のDNA鎖が損傷しても，もう一方の相補的なDNA鎖の存在によって，元の塩基配列が〝保障〟されているからだ。じつは，UはCが変化することでも生じる。もしDNAがUを塩基として使っていると，UをCが変化したものであると修復系が判断してしまい，間違って修復してしまう可能性がある。そこで，紛らわしいUではなく，Cが変化してできることがないTを使い始めたためにDNAは，塩基配列が変化し遺伝情報が変化してしまうことを避けることができたのではないか，と考えられている。

　DNAは2本のDNA鎖が塩基の相補性を利用して結合し，二重らせん構造を呈しているが，RNAは通常は一本鎖のままで存在し（**図5-3**），必要に応じて一本鎖の分子内で折りたたまれ，相補的な塩基配列が部分的に二本鎖を形成するような，いわばフレキシブルな立体構造を呈することが知られている（**図5-4**）。じつはこのことが，RNAがDNAとは異なる非常に大きな特徴であり，その機能に大きく影響してくる。

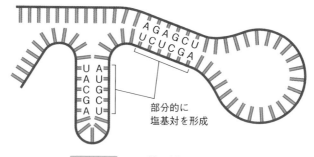

図5-4 RNA鎖の折りたたみ構造

5-2 RNA ポリメラーゼと転写

》転写の意味の範囲

　真核生物においては，DNAは遺伝子の本体としての役割を持つが，DNA自身は核の中から外に出ることはない。一方，タンパク質を合成するはたらきを持つリボ

ソームは，核の外，すなわち細胞質に̇し̇か̇存̇在̇し̇な̇い̇。したがって，DNA上に存在する遺伝子の情報（タンパク質のアミノ酸配列をコードする塩基配列）を基に，タンパク質を合成するためには，核にあるDNAと，細胞質にあるリボソームを〝橋渡し〟するものが必要だ。**転写**（transcription）とは，その〝橋渡し〟する物質であるRNAを合成する過程である。

しかしながら，転写はタンパク質を合成するためだけに行われるものではない。なぜなら，RNAには「mRNA」，すなわちタンパク質のアミノ酸配列をコードする**コーディングRNA**だけではなく，ほかにもさまざまな種類の**ノンコーディングRNA**（タンパク質のアミノ酸配列をコードしていないRNA，という意味）が存在しているからであり，そのどれもが「転写」によって合成されるからである。したがって，セントラルドグマで言うところの「転写・翻訳」の過程の一つとして存在する「転写」には，さまざまな意味がある。しかしここでは，話をセントラルドグマの一過程としての転写，すなわちコーディングRNAの転写に絞り込むことにして，ノンコーディングRNAについては主に第8講で扱うこととする。

さて転写とは，DNA上に存在する遺伝子の情報，すなわち塩基配列を，RNAという物質に〝写し取る〟過程のことである。その結果，DNAの塩基配列は，RNAの塩基配列へと姿を変える。

》RNAポリメラーゼ

転写をより化学的に表現すると，DNAの塩基配列を鋳型としたRNAの合成反応ということになる（**図5－5**）。DNAの複製は，DNAの塩基配列を鋳型としたDNAの合成反応であった。すなわち転写は，複製において合成されるものがDNAであったのに対し，RNAが合成されるというだけで，DNAが鋳型となるという意味では同じである。

さて，DNAを鋳型としてRNAを合成する反応ということは，DNA複製と同じく，この反応を触媒する酵素があるということであり，この酵素を**RNAポリメラーゼ**という。正確には，**DNA依存性RNAポリメラーゼ**（DNAポリメラーゼの場合は，DNA依存性DNAポリメラーゼだった）である。

RNAポリメラーゼが触媒するのは，鋳型のDNAと相補的な塩基を持つRNAを作るように，リボヌクレオチドを重合させる反応（ホスホジエステル結合の形成反応）である（**図5－5**）。すなわち，新生RNAの3′OH基の末端に，次のリボヌクレ

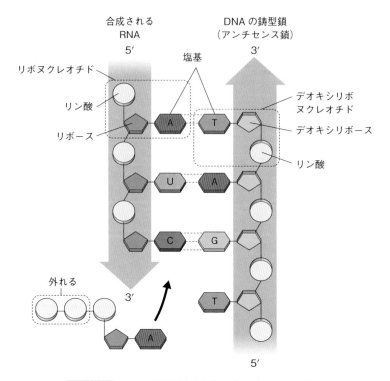

図5−5 DNAの塩基配列を鋳型としたRNAの合成

オチドのリン酸を結合させ，ホスホジエステル結合を作る反応を触媒する。これも，DNAポリメラーゼの場合と同様である。

　ただ，RNAポリメラーゼがDNAポリメラーゼと決定的に異なる点は，反応を開始させるのに「プライマー」を必要としないという点である。RNAポリメラーゼは，何の〝足場〟がなくても，一本鎖DNAがそこにあったとき，いきなり最初のリボヌクレオチドを置くことができるという〝すぐれもの〟なのである。

》RNAポリメラーゼの種類

　原核生物（ここでは大腸菌を例にとる）の場合，RNAポリメラーゼは1種類である。5つのサブユニット（α, α, β', β, ω）から成る四次構造を形成しており，最も大きな2つのサブユニット（β', β）が，触媒活性の中心となっている。さらに，実際に転写反応を開始させるためには，これらに加えて<ruby>σ<rt>シグマ</rt></ruby>**因子**と呼ばれるタン

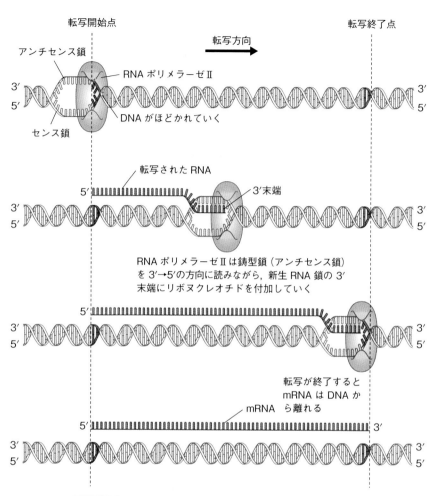

図5−6 RNAポリメラーゼⅡによるmRNA転写のしくみ

パク質がRNAポリメラーゼに結合することが重要であることが知られているが、σ因子は、開始反応に関わった後は、RNAポリメラーゼから解離する。

　一方、真核生物の場合、RNAポリメラーゼには3種類のものがある。RNAポリメラーゼⅠ、Ⅱ、Ⅲである（**表5−1**）。

「RNAポリメラーゼⅠ」は、核の中にある「核小体」と呼ばれる領域に局在し、ノンコーディングRNAの転写を担当している。特にその中でも「rRNA（リボソームRNA）」遺伝子（rDNAとも呼ばれる）を転写する。rRNAとは、タンパク質を合成する粒子である「リボソーム」に含まれるRNAのことであり、タンパク質合

表5-1 真核生物におけるRNAポリメラーゼと転写するRNAの種類

RNAポリメラーゼの種類	転写するRNAの種類	転写するRNAの例
RNAポリメラーゼ I	ノンコーディングRNA	・タンパク質合成に重要な役割を果たすrRNA（一部を除く）
RNAポリメラーゼ II	コーディングRNA	・タンパク質をコードするmRNA
RNAポリメラーゼ III	ノンコーディングRNA	・タンパク質合成に重要な役割を果たすrRNA（一部） ・アミノ酸をリボソームまで運ぶtRNA

成に重要な役割を果たしているRNAである。ただし，rRNAのうち「5S rRNA」だけは，RNAポリメラーゼ I ではなくRNAポリメラーゼ III が転写を行う。

「RNAポリメラーゼ II」は，コーディングRNAの転写担当で，タンパク質をコードする遺伝子の転写を行い，mRNAを合成する反応を司る（**図5-6**）。

「RNAポリメラーゼ III」は，RNAポリメラーゼ I と同様，ノンコーディングRNAの転写に関わっている。先ほど述べた5S rRNA遺伝子を転写する酵素であるが，ほかにも，アミノ酸を結合させてリボソームまで運ぶ役割を持つ「tRNA（トランスファーRNA）」遺伝子の転写も行うことが知られている。

なお，rRNAとtRNAは，ともにリボソームにおけるタンパク質合成（翻訳）に重要な役割を担っているので，第7講で詳しく扱う。

5-3 転写の反応過程

》センス鎖とアンチセンス鎖

個々の細胞それぞれにおいて，遺伝子（の本体であるDNA）からその情報である塩基配列が読み取られ，最終的にタンパク質が作られる。その最初のステップとして最も重要なメカニズムが**転写**である。ここでいう転写とは，遺伝子（の本体であるDNA）を鋳型として，それと同じ塩基配列を持つRNAである**mRNA（メッ**

センジャーRNA）が合成される過程である。

　DNAは二重らせん構造になっており，お互いに相補的な塩基配列となっているため，遺伝子として見たときに，「いったいどちらのDNA鎖が"遺伝子"なのか」ということが問題となってくる。このとき，一方のDNAを**センス鎖**といい，それと相補的なDNAを**アンチセンス鎖**という（**図5-7**）。

　5-2節で述べたように，真核生物では，mRNAは「RNAポリメラーゼⅡ」と呼ばれる酵素によって合成される。その塩基配列は，チミンがウラシルに変化している以外は，センス鎖と同一である。このことは，mRNAは，アンチセンス鎖を鋳型として合成されることを意味している。

　そうしてみると，タンパク質のアミノ酸配列をコードしているのは「センス鎖」ということになり，2-2節で述べた「遺伝子」の定義からすると，センス鎖のほうが"遺伝子"であると考えることができる。一方で，DNAは二重らせんになっていることがその塩基配列を"保障"するうえで重要なわけだから，「遺伝子」といういわば機能的な概念からアンチセンス鎖を杓子定規に除くということも適切ではなく，アンチセンス鎖も併せてその部分の塩基配列全体を"遺伝子"と見なす場合もある。したがって，遺伝子といった場合，それはセンス鎖だけをいうのか，それともアンチセンス鎖も含めていうのかという問題については，じつは決まった考え方はないともいえる。

　合成されたmRNAは，その後，いくつかのステップ（プロセッシングと呼ばれる）を経て成熟したmRNAとなり，核から細胞質へと飛び出していく。その後細胞質に存在するリボソームと結合し，タンパク質への翻訳のために用いられる。

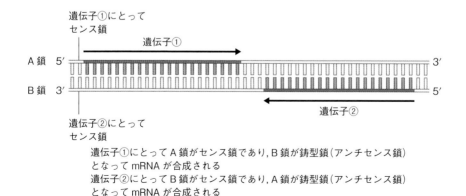

遺伝子①にとってA鎖がセンス鎖であり，B鎖が鋳型鎖（アンチセンス鎖）となってmRNAが合成される
遺伝子②にとってB鎖がセンス鎖であり，A鎖が鋳型鎖（アンチセンス鎖）となってmRNAが合成される

図5-7 DNAのセンス鎖とアンチセンス鎖

第5講 遺伝子発現のしくみ～転写～

》 転写の開始

　まず，RNAポリメラーゼⅡによる転写が開始されるためには，どこからmRNA
を合成すべきかをRNAポリメラーゼが〝判断〟しなければならない。そのために
重要なのが，遺伝子の上流（5′側）に存在する**プロモーター**と呼ばれる領域であ
る。

　プロモーターとは，ある特定の塩基配列（6-1節で詳しく扱うが，たとえば
TATAボックスなど）から成る領域で，すべての遺伝子の上流に存在し，「基本転
写因子」ならびにRNAポリメラーゼⅡが結合する部分である。いわば，mRNAを
合成すべきDNAの場所を明らかにする〝ランドマーク〟のようなものである。

　基本転写因子にはTF（transcription factor）ⅡA，TFⅡB，TFⅡD，TFⅡE，TF
ⅡF，TFⅡH，など複数の種類があり，RNAポリメラーゼⅡの結合に前後して，プ
ロモーター領域に結合する。

　まず「TBP（TATA binding protein）」として機能するTFⅡDがプロモーター
（TATAボックス）に結合すると，これはDNAの副溝に結合するため，プロモータ
ー部分のDNAがかなりの角度に折れ曲がる。ここに基本転写因子「TFⅡA」が結
合すると，さらに「TFⅡB」が結合し，引き続いて，あらかじめ「THⅡH」と複
合体を形成していたRNAポリメラーゼⅡがプロモーターに結合する。続いて「TF
ⅡE」，「TFⅡF」が結合することで，いよいよ転写の準備が整うことになる。この，
転写が開始される前に形成されるタンパク質の複合体を**転写開始前複合体**という
（図5-8）。

　こうして，これら基本転写因子のうちTFⅡHが，自らの持つヘリカーゼ活性に
よってDNAの二本鎖を巻き戻し始めると，TFⅡDとTFⅡH以外の基本転写因子は
すべてRNAポリメラーゼⅡから離れ，RNAポリメラーゼⅡによる転写が開始され
る。これを**プロモータークリアランス**という。ただTFⅡDは，TATAボックスに結
合したままであると考えられる。

》 mRNA前駆体の合成

　TFⅡHのヘリカーゼ活性によりDNAの二本鎖が巻き戻されていくと同時に，
RNAポリメラーゼⅡがDNAの鋳型上を動き，mRNAを合成していく。ただ，これ
はあくまでも転写のイメージであって，このとき，RNAポリメラーゼⅡがDNAの

①TFⅡDが TATAボックスに結合する

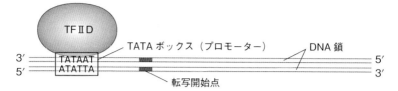

TATAボックス（プロモーター）　　　DNA鎖

3′　TATAAT
5′　ATATTA
　　　　　　　転写開始点

②そのほかの転写因子とRNAポリメラーゼⅡが結合する

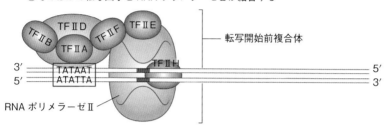

転写開始前複合体

3′　TATAAT
5′　ATATTA
　　　　　　TFⅡH
RNAポリメラーゼⅡ

③大部分の転写因子が外れて転写が始まる

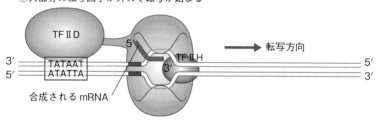

転写方向

3′　TATAAT
5′　ATATTA
　　　　TFⅡH
合成されるmRNA

図5－8 転写のしくみ──開始

上を動くのではなく，核内に固定化されたRNAポリメラーゼ（転写装置）の中を，鋳型DNAが通り抜けていくとするモデルが提唱されている。

　RNAポリメラーゼⅡは，12種類のサブユニットから構成される巨大なタンパク質であり，そのうちの一つのサブユニットは，7つのアミノ酸配列が何回も繰り返す反復配列から成る非常に細長い尻尾のような構造を持っている。これをRNAポリメラーゼⅡの**CTD**（carboxyl-terminal domain）という。

　合成されたmRNAは，DNAから離れ，RNAポリメラーゼⅡ分子上のCTDに沿うような形で，そこでさまざまなプロセッシングを受け，成熟したmRNAとなる。

　したがって，RNAポリメラーゼⅡによって転写されてできたmRNAは，正確には成熟前の状態であり，**mRNA前駆体**と呼ばれている。

》RNAプロセッシング

　RNAポリメラーゼⅡにより合成されたmRNA前駆体は，RNAポリメラーゼⅡのCTD上で，3種類の修飾を受ける。その5′末端に7-メチルグアニル酸が付加される「5′キャッピング」，イントロンが切り出される「スプライシング」，そして3′末端に複数のアデニル酸が付加される「ポリAテイル付加反応」の3種類の修飾である。この修飾の過程を**RNAプロセッシング**と呼び，これによってmRNA前駆体は，晴れて成熟したmRNAとなる（**図5-9**）。

　5′キャッピングは，真核生物のmRNAに対して行われる修飾である。「7-メチルグアニル酸」が，あたかもmRNAに対して帽子をかぶせているかのように見えることから，キャッピングと呼ばれている。

　キャッピングにはいくつかの重要な意味があり，これが付与されたものがmRNAであることの目印となることもさることながら，リボソームにおけるタンパク質合成の際に，mRNAがキャップ構造結合タンパク質とポリAテイル結合タンパク質との結合を介して環状構造を呈するためにも重要である（第7講参照）。さらに，キャップ構造が存在することで，mRNAが，細胞内に存在するヌクレアーゼ（核酸分解酵素）から保護される。

　一方，3′末端に「ポリアデニル酸」が付加される**ポリAテイル付加反応**も，mRNAに特徴的な反応である。アデニル酸（いわば，4種類の塩基の一つアデニン）がたくさん付与されて（ポリA），あたかもmRNAにポリAの尻尾ができたように見えることから，「テイル」と呼ばれる。

　5′キャッピングと同様に，ポリAテイルにも重要な意味がある。ポリAテイルに結合するタンパク質のおかげで，5′キャップとともにmRNAの環状化に関与し，さらにヌクレアーゼによる分解を妨げているようである。

》スプライシング

　RNAプロセッシングの中で，特に複雑で重要な反応が**スプライシング**[*1]である。

　繰り返しになるが，真核生物では，DNA上の遺伝子は，いくつかの断片に分かれて存在している。これらの断片を**エキソン**といい，エキソン同士を分けている部分を**イントロン（介在配列）**という。すなわち，イントロンには，アミノ酸配列の情報が存在しない。

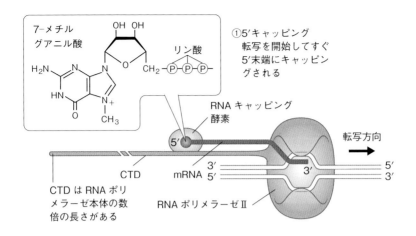

①5′キャッピング
転写を開始してすぐ
5′末端にキャッピン
グされる

RNA キャッピング
酵素

転写方向

CTD は RNA ポリ
メラーゼ本体の数
倍の長さがある

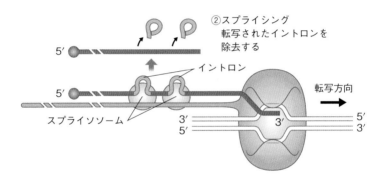

②スプライシング
転写されたイントロンを
除去する

イントロン

スプライソソーム

転写方向

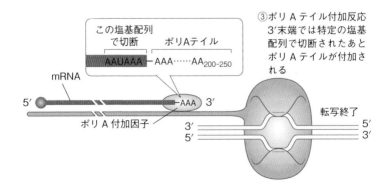

この塩基配列
で切断

ポリAテイル

AAUAAA — AAA……AA$_{200-250}$

③ポリ A テイル付加反応
3′末端では特定の塩基
配列で切断されたあと
ポリ A テイルが付加さ
れる

mRNA

ポリ A 付加因子

転写終了

図5－9 転写のしくみ――mRNA前駆体から成熟mRNAへの流れ

第5講
遺伝子発現のしくみ～転写～

mRNA前駆体が合成される際は，エキソンもイントロンもまとめて転写される。したがって，そのままではアミノ酸配列の情報が存在しないイントロンがmRNA前駆体に含まれているため，リボソームで翻訳に供することができない。mRNA前駆体が，リボソームで翻訳される成熟したmRNAになるためには，イントロン部分を取り除く必要がある。その過程がスプライシングである（**図5－10**）。

スプライシングを行うのは，**スプライソソーム**という，snRNA（small nuclear RNA，核内低分子RNA，第8講参照）とタンパク質から成る複合体（snRNP，核内低分子リボ核タンパク質粒子）である。複数あるsnRNAのそれぞれの一部には，イントロンの一部と塩基対を形成できる塩基配列が存在し，その塩基対会合を介して，以下の複雑な反応が起こる。

すなわち，まずイントロンの5′末端の「GU」という塩基配列が，5′側にあるエキソンから切り離されて，イントロンの3′側の内側にある枝分かれ（ブランチ）部位に結合する。続いて，切り離された5′側のエキソンの3′OH基が，3′側のエキソンの5′末端と結合する。これにより，イントロンは〝投げ縄（ラリアット）″のような構造のまま切り離され，エキソン同士が結合するのである。

MEMO

＊1 **フリードライヒ運動失調症**（スプライシングの異常）固有感覚の障害による運動失調，振戦，構音障害，眼振などを症状とする遺伝性神経変性疾患。*FRDA*遺伝子第1イントロンに存在するGAAリピートの異常伸長が原因。mRNAへ転写の際にスプライシング機構が阻害され，*FRDA*遺伝子がコードするフラタキシンという，ミトコンドリア内の鉄の代謝・貯蔵を制御するタンパク質の発現量が減少する。

1型筋強直性ジストロフィー（スプライシングの異常）成人で最も多い筋ジストロフィー症であり，筋強直や筋萎縮のほかにも心病変，中枢神経症状，眼症状，内分泌異常などを示す全身疾患である。2型もあるが日本ではほとんどが1型。ミオトニンプロテインキナーゼ（*DMPK*）遺伝子の3′非翻訳領域に存在するCTG反復配列の異常な伸長が原因である。反復が35回以下は正常，50回以上が異常とされ，1000回を超える場合もある。反復配列が異常に伸長したmRNAは，スプライシングを担うRNA結合タンパク質を吸着して核内に蓄積する。これにより核内でスプライシングタンパク質が不足し，さまざまな遺伝子のmRNAスプライシング異常が引き起こされる。

ハッチソン・ギルフォード症候群（スプライシングの異常）遺伝性早老症のなかで特に症状が重い。平均寿命は14.6歳と報告されている。点突然変異により*LMNA*遺伝子のmRNAのスプライシングの欠陥がもたらされ，異常なラミンAタンパク質が産生される。この点突然変異は608番目のコドンにおけるグリシンGGCからグリシンGGT（グリシンであることに変化はない）への変化で，この場所がエキソンとイントロンの境界に近いためにスプライシング異常を起こすといわれている。結果として異常なラミンAタンパク質が蓄積し，核膜の形態異常を生じる。

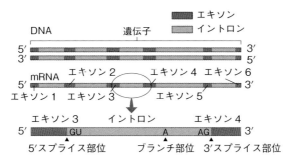

①5′スプライス部位に U1 が，ブランチ部位に U2 が結合する

②U4，U5，U6 が加わり，イントロンの両端が引き寄せられる

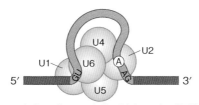

③5′スプライス部位とブランチ部位が結合して投げ縄構造ができる

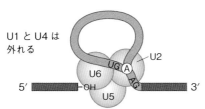

④投げ縄の形でイントロンが切り取られ，2 つのエキソンが連結される

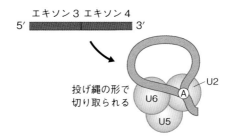

図5−10 転写のしくみ──スプライシング

第**5**講 遺伝子発現のしくみ〜転写〜

5-4 転写後のmRNA

≫ 細胞質への移行

　こうして，5′キャッピングがなされ，スプライシングを経て，ポリＡテイルが付加されたmRNA前駆体は，成熟したmRNAとなる。成熟したmRNAは，核の外，すなわち細胞質へと移行する。

　成熟したmRNAには，さまざまな種類の核リボ核タンパク質（heterogeneous nuclear ribonucleoprotein：hnRNP）が結合する。言ってみればhnRNPという〝衣服″をまとった成熟mRNAは，やはりさまざまなタンパク質から成る核膜孔を通過する。成熟mRNAが，核膜孔のタンパク質複合体（核膜孔複合体）の中を通り抜ける際，「mRNA輸出タンパク質」が，その手助けを行う。

　核膜孔複合体は，「ヌクレオポリン」をはじめとするさまざまなタンパク質でできているが，**mRNA輸出タンパク質**は，ヌクレオポリンと結合しながら，また成熟mRNA（の衣服であるhnRNP）とも結合・解離を繰り返しながら，核膜孔に入り込んだ成熟mRNAを細胞質側へと追いやり，やがて細胞質へと押し出すのである（**図5−11**）。

≫ mRNA サーベランス

　世の中の製造業と同様，mRNAも，じつは作られたらそのまま何の検査もせずに，翻訳に供されるわけではない。リボソームで本格的な翻訳が行われる前に，mRNAも「品質チェック」が行われることが知られている。最も重要なのは，本来存在するはずのない，あってはならないところに，タンパク質合成を終了させる目印が存在してしまうような場合である。この目印を**終止コドン**という（詳細は第7講で扱う）。

　そうした場合，翻訳を開始しても，途中でタンパク質合成がストップしてしまう。この非常事態を避けることは非常に重要で，そのために品質チェックが欠かせない。その品質チェックのしくみを**mRNA サーベランス**（**mRNA 監視機構**）という（**図5−12**）。

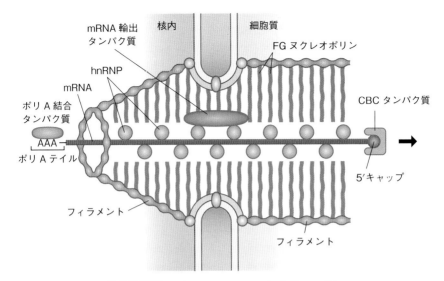

図5－11 核膜孔でのmRNAの細胞質への移行

　mRNA前駆体が，スプライシングを受けてイントロンが除去されると，エキソン同士はすみやかに結合することになるが，このとき，エキソン同士の接続部分から上流（5′側）二十数塩基ほどの部分に，**エキソン・ジャンクション複合体**（exon-junction complex：**EJC**）と呼ばれるタンパク質の一群が結合する。

　そして，リボソームが通常と同じようにmRNAと結合し，翻訳を開始する。もしそのmRNAが不良品ではないならば，エキソン・ジャンクション複合体よりも上流には終止コドンは存在しないはずである。もし「エキソン・ジャンクション複合体」よりも上流に終止コドンが存在すると，このmRNAは**ナンセンスコドン（終止コドン）介在性分解**（nonsense-mediated decay：**NMD**）と呼ばれるメカニズムにより〝不良品″であると判断され，エキソヌクレアーゼによって分解されてしまうのである。なお，真核生物のうちよく研究されている出芽酵母では，エキソン・ジャンクション複合体に代わり，「DSE（downstream element）」と呼ばれる特定の塩基配列が，その指標となることが知られている。

≫RNA編集

　mRNAが正確にDNAの塩基配列を写し取ることは，その指定に従ってタンパク

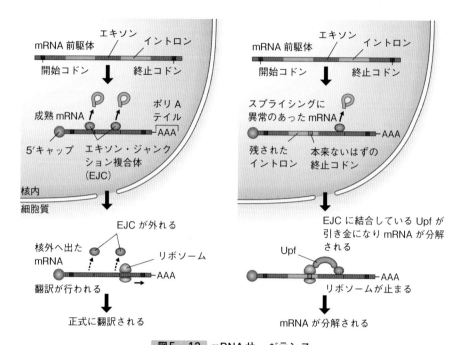

図5−12 mRNAサーベランス

質を合成するのに不可欠である。ところが興味深いことに，その〝正確に写し取られるべき〟mRNAが，その転写後，リボソームにおいて翻訳される前に〝編集〟されるという現象が知られている。要するに，せっかく転写されたmRNAの塩基配列が変わってしまうのだ。これを**RNA編集**と呼び，原生生物や植物のミトコンドリア，葉緑体などで起こることが知られている。

　この現象は，トリパノソーマと呼ばれる原生生物において最初に見いだされたもので，トリパノソーマのミトコンドリアにおいて，そのDNAからmRNAが転写される際，mRNAのところどころに塩基の一つウラシルの付加や欠失があることがわかった。その結果，コドンの読み枠がずれ，まったく異なるタンパク質が合成されることになる。なぜこのような現象が存在するのかは，現在のところよくわかっていない。

　RNA編集は，私たちヒトでも起こることが知られている。mRNAのアデニンが，「イノシン（I）」というやや特殊な塩基に変化する「A-to-I編集」と呼ばれるRNA編集と，シトシンがウラシルに変化する「C-to-U編集」と呼ばれるRNA編集である。

　A–to–I編集は，アデニンが脱アミノ化されることによりイノシンが生じるという，化学反応の一つであるともいえるが，イノシンはアデニンとは異なり，ウラシルではなくシトシンとより相補的であるため，mRNA上のアデニンがイノシンに変化することによって，もしそれがアミノ酸をコードするコドン上に生じると，その結果として，アミノ酸配列も変化する。これはC–to–U編集においても同様であり，やはりコドン上のシトシンがウラシルに変化することで，アミノ酸配列が変化する。

　有名な例として，私たちの血液中でコレステロールなど脂質を運搬するタンパク質として知られる「アポリポタンパク質B」が挙げられる（**図5－13**）。アポリポタンパク質Bは，肝臓と小腸で作られることが知られているが，小腸の細胞では，6666番目のシトシンがRNA編集によってウラシルに変えられた結果，終止コドンが現れ，肝臓で作られるアポリポタンパク質Bよりもアミノ酸配列の長さが短いものが作られる。この短いアポリポタンパク質がRNA編集によって得られる理由は不明であるが，1つの遺伝子から複数のタンパク質を作る，言ってみれば〝効率のよい〟タンパク質合成のしくみの一つなのではないかと考えられている。

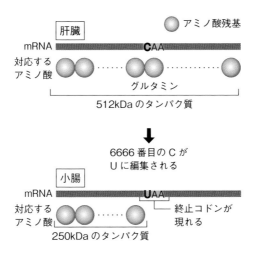

図5－13 アポリポタンパク質BのC–to–U編集

DNAポリメラーゼとRNAポリメラーゼの進化的関係

DNAポリメラーゼとRNAポリメラーゼの違いは，DNAポリメラーゼはRNAプライマーなどの〝足場〟が必要だが，RNAポリメラーゼにはそのような〝足場〟が必要ない，ということである。DNA複製の際に合成されるRNAプライマーを合成するのはプライマーゼであり，これもまたRNAポリメラーゼの一種である。だからこそ自ら〝足場〟を作れるのである。

では，いったいなぜ，そのような違いが生じたのだろうか。ここで，DNAポリメラーゼとRNAポリメラーゼの進化的な関係について簡単に触れておきたい。

DNAポリメラーゼとRNAポリメラーゼは，その触媒する化学反応の類似性からもわかるように，お互いに〝親類〟の関係にあるといえる。進化的に見ると，RNAポリメラーゼのほうが，DNAポリメラーゼよりも古くから存在すると考えられている。なぜなら，そのターゲットである鋳型となる核酸に着目すると，DNAよりもRNAのほうが先に誕生したと考えられているからである。

DNAが誕生するよりも前にあった「RNAワールド」（40億年以上前と考えられる）では，まずRNAが複製するために，RNAを鋳型としてRNAを合成する**RNA依存性RNAポリメラーゼ**が存在していたと考えられている。この酵素は，じつは現在の生物界にも，非常に限定的ではあるが存在している。

やがて，RNAよりも安定性が高いDNAが進化すると，鋳型はRNAを用いるが，それを基にDNAを合成する**RNA依存性DNAポリメラーゼ**（今でいう逆転写酵素）や，逆に，鋳型としてDNAを用いながらRNAを合成する**DNA依存性RNAポリメラーゼ**（今でいうRNAポリメラーゼ）が進化した，と考えられている。

そして，おそらく最後に，DNAワールド（生物）の誕生とともに，DNAを鋳型としてDNAを合成することができる**DNA依存性DNAポリメラーゼ**（今でいうDNAポリメラーゼ）が進化したものであろう。

鋳型がDNAかRNAか，作るものがDNAかRNAかで，4種類のポリメラーゼに分かれるだけであって，基本的なしくみ（核酸を鋳型として核酸を合成する）はどれも同じなのである。おそらく，RNAを合成する酵素からDNAを合成する酵素へと進化する過程で，プライマーを必要とする何らかの事情があり，今のDNAポリメラーゼはプライマーを必要とするようになったものであろう。

第 5 講 の ま と め

1.▶ RNAの単位もDNAと同様ヌクレオチドであるが，五炭糖としてはデオキシリボースではなく「リボース」から成り，塩基ではDNAの場合のチミンに代わり「ウラシル」が用いられる。

2.▶ タンパク質を合成するためには，核にあるDNAと，細胞質にあるリボソームを"橋渡し"するもの，すなわちRNAが必要であり，そのRNAを合成する反応が「転写」である。

3.▶ 転写は，DNAを鋳型としてRNAを合成する反応であり，それを触媒する「RNAポリメラーゼ」により進行する。真核生物では，タンパク質のアミノ酸配列をコードする「mRNA」，すなわちコーディングRNAを合成するRNAポリメラーゼII，「ノンコーディングRNA」を合成するRNAポリメラーゼI，IIIが知られている。

4.▶ 転写は，mRNAの塩基配列と同じ配列を持つ「センス鎖」と相補的な「アンチセンス鎖」を鋳型として行われる。

5.▶ 遺伝子の5′側に存在する「プロモーター」と呼ばれる領域に，「基本転写因子」ならびに「RNAポリメラーゼII」が結合して「転写開始前複合体」が作られ，「プロモータークリアランス」が起こることにより，転写反応は開始される。

6.▶ 最初に合成される「mRNA前駆体」にはアミノ酸配列の情報が存在しない「イントロン（介在配列）」が存在しているため，「スプライシング」によって除去され，「エキソン」同士がつながることにより「成熟mRNA」が形成される。

7.▶ 真核生物では，スプライシングは「スプライソソーム」と呼ばれるsnRNAとタンパク質から成る複合体（snRNP）により行われる。

8.▶ mRNAには，その5′側で「5′キャッピング」が生じるとともに，3′側で「ポリAテイル付加反応」が行われる。

9.▶ 成熟したmRNAは，「核膜孔複合体」の「mRNA輸出タンパク質」などと相互作用しながら，核膜孔を通り抜け，細胞質へと移行する。

10.▶ 成熟したmRNAは，「mRNAサーベランス（mRNA監視機構）」と呼ばれるしくみによって品質チェックを受ける。特に重要なのは，mRNAの途中に終止コドンが生じていないかどうかのチェックであり，もしそうした"不良品"

があると，「ナンセンスコドン介在性分解」と呼ばれるメカニズムにより分解される。

第 6 講

遺伝子発現の調節

6-1 遺伝子の発現調節領域

》 転写調節領域

　DNAである遺伝子の塩基配列と同じ塩基配列を持つmRNAが合成され，タンパク質合成への引き金が引かれることを，**遺伝子発現**という。遺伝子発現は，通常はそれぞれの遺伝子ごとに調節がなされており，ある場合には発現が促進されたり，ある場合には抑制されたりする。これによって，それぞれの細胞において適切な遺伝子発現が行われ，その細胞に特有の機能が発揮されることになる。

　遺伝子の近傍には，その遺伝子発現を調節するための**転写調節領域**が存在する。転写が開始されるところに近い転写調節領域を**プロモーター**といい，このDNA領域に，RNAを合成するRNAポリメラーゼや，そのほか転写開始に関わるタンパク質が結合することで，転写が開始される。

　真核生物には，プロモーターのほかに**エンハンサー**や**サイレンサー**などと呼ばれる転写調節領域が存在し，転写の調節を行っている。いわば，プロモーターが遺伝子という灯りのスイッチそのものだとすると，エンハンサーはそのスイッチをオンにする人，サイレンサーはオフにする人であるといえる。

》 原核生物の転写調節

　原核生物では，真核生物よりも詳細な解析が行われ，転写調節のしくみが比較的明らかになっている。

　基本転写因子やRNAポリメラーゼなどが結合する「プロモーター」は，通常は2つの領域に分かれており，転写開始点（＋1）から上流に10塩基付近に存在する，「プリブナウ配列」または「TATAボックス」と呼ばれるTATAATという塩基配列と，転写開始点から上流に35塩基付近に存在するTTGACAという塩基配列である（**図6−1**）。

　原核生物では，複数の遺伝子が1つにつながり，1つの転写因子による制御下に置かれていることが知られている。このような転写単位を**オペロン**という。特によく知られているのが，アミノ酸の一種「トリプトファン」を合成するのに必要な一

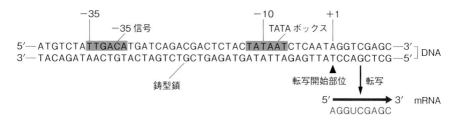

図6－1 原核生物のプロモーターの典型例

連の酵素タンパク質の遺伝子が1列に並んだ「トリプトファンオペロン」と，「ラクトースオペロン」であろう。

　トリプトファンオペロンは，5つの酵素遺伝子から成る（**図6－2**）。この5つの連続した遺伝子から転写された1本のmRNAは，リボソームにおいて，それぞれの遺伝子の翻訳が始まる部分から，それぞれの翻訳が行われる。

　トリプトファンオペロンの転写調節の例は，次のようなものである。トリプトファンが存在しない条件ではリプレッサーは不活性な状態で，オペレーターには結合せず，遺伝子が転写される。するとトリプトファンが合成され，合成されたトリプトファンがリプレッサーに結合する。その結果，リプレッサーは活性型となってオ

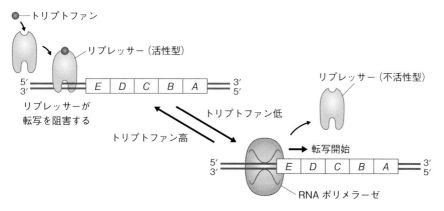

図6－2 トリプトファンオペロンによる転写調節

ペレーターに結合し，トリプトファン合成酵素遺伝子の転写は抑制されて，トリプトファンの合成も抑制される。

　一方ラクトースオペロンは，フランスのフランソワ・ジャコブ（1920〜2013）とジャック・モノー（1910〜1976）によって提唱された転写調節メカニズムの主役であり，彼らはその発見により1965年にノーベル生理学医学賞を受けた。

　ラクトースオペロンは，*β*−ガラクトシダーゼ遺伝子（*lacZ*），ガラクトシドパーミアーゼ遺伝子（*lacY*），ガラクトシドトランスアセチラーゼ遺伝子（*lacA*）という3つの遺伝子が連続してつながり，オペロンを形成している。*lacZ*の上流には**オペレーター**と呼ばれる塩基配列，ならびにその上流にプロモーターが存在する。

　ラクトースオペロンの転写調節の例の一つは，次のようなものである。グルコースが十分に存在する環境では，**リプレッサー**と呼ばれるタンパク質がオペレーター領域に結合しているため，RNAポリメラーゼがプロモーターに結合しても，ラクトースオペロンの転写は起こらず，ラクトースを分解してグルコースを生成する*β*−ガラクトシダーゼはほとんど発現しない。しかし，栄養源であるグルコースが欠乏すると，環状AMP（cAMP）がカタボライト活性化タンパク質（CAP）に結合し，それがCAP結合部位に結合するとともに，ラクトースが引き金になってリプレッサーをオペレーターから引きはがすことにより，転写が促進され，3つの遺伝子産物が作られる。そして*β*−ガラクトシダーゼによって，ラクトースがグルコースとガラクトースに分解される。

　また，すでに述べたように，原核生物のRNAポリメラーゼは*σ*因子と呼ばれるタンパク質が結合することにより転写反応の触媒作用を開始するが，原核生物には，分子量が70kDaの通常の*σ*因子以外にも，ある特定の環境に細胞がさらされることによりRNAポリメラーゼに結合する，別の*σ*因子（分子量が異なる）が複数種類存在することが知られている。たとえば，タンパク質が変性してしまうような高温にさらされる「熱ショック（ヒートショック）」時にRNAポリメラーゼに結合することが知られている*σ*因子は，細胞が熱ショックにさらされると，熱ショックタンパク質（heat-shock protein：HSP）遺伝子の上流にあるプロモーターを認識してRNAポリメラーゼに結合し，**熱ショックタンパク質**（熱により変性したタンパク質を元に戻したり，変性しないように形を整えたりするタンパク質）が発現する。原核生物は，複数種類ある*σ*因子をさまざまに組み合わせながら，環境に合わせた遺伝子発現の調節を行っているのである。

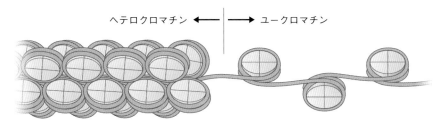

図6－3 ユークロマチンとヘテロクロマチン

》真核生物の転写調節領域

　真核生物では，クロマチンはヌクレオソーム構造を単位として核内に存在するが，すべてのクロマチンが核内で同じような条件の下，同じような形で存在しているわけではない。クロマチンの構造は，遺伝子発現の有無と密接な関係にあるからである。

　クロマチンの中には，そこに含まれる遺伝子が活発に発現している部分と，活発には発現していない（時にはまったく発現していない）部分が存在する。前者では，ヌクレオソーム構造は比較的ばらけた状態となっており，**ユークロマチン**と呼ぶ。また後者では，ヌクレオソーム構造は比較的密に凝縮した状態となっており，**ヘテロクロマチン**と呼ぶ **(図6－3)**。

　真核生物のプロモーターは，原核生物のそれと比べて複雑で多様であるが，典型的なプロモーターは，遺伝子の転写開始点の上流30塩基付近に，原核生物とほぼ同じTATAAAという塩基配列を基本とした6〜8塩基の配列（TATAボックス）を持ち，さらに転写開始点の上流40〜60塩基付近に，GGCGGGという塩基配列から成る「GCボックス」や，転写開始点の上流60〜100塩基付近にCCAATという塩基配列から成る「CAATボックス」が存在することが多い。

　さらに真核生物には，転写が開始される部位から数千塩基も離れた位置に転写調節領域が存在することがある。それがエンハンサーである。

》エンハンサーとアクチベーター

　数千塩基も離れた位置にあると述べたが，実際の**エンハンサー**は，遺伝子によって存在する場所が多様である。遺伝子の上流，下流を問わず，遺伝子内のイントロ

ン部分に存在する場合もある。すべての細胞にこうしたエンハンサーは存在するが，それがはたらくかどうかは，多くの場合，その細胞の分化状態に依存している。

また哺乳類などでは，プロモーターとそれを調節するエンハンサーのほかに，エンハンサーよりもプロモーターに近い位置に存在する**プロモーター近位エレメント**と呼ばれる配列も存在する。プロモーター近位エレメントも，遺伝子の下流（3′側）にある場合もあり，エンハンサーとプロモーター近位エレメントの区別があいまいな部分もある。

エンハンサーには，転写反応を促進するタンパク質である**アクチベーター**と呼ばれる転写因子が結合することが知られているが，エンハンサーの長さは一般的におよそ50〜200塩基対ほどあるため，実際には複数の転写因子が同時に結合することが可能であるのと同時に，そうした転写因子同士も相互作用して，**エンハンスソーム**と呼ばれる，エンハンサーとアクチベーターの巨大な複合体を形成する。

アクチベーターは，**メディエーター**と呼ばれる巨大なタンパク質複合体を介して**転写開始前複合体**，ときにはRNAポリメラーゼⅡ自身と相互作用し，これがきっかけとなって**プロモータークリアランス**が起こり，転写が開始される（**図6−4**）。

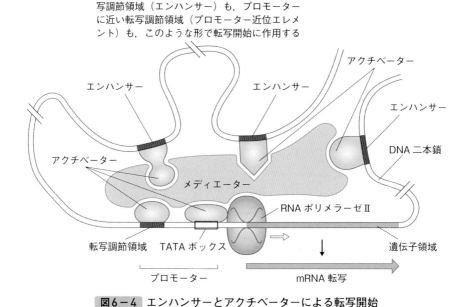

図6−4 エンハンサーとアクチベーターによる転写開始

　なお真核生物では，原核生物のように1本のmRNA分子中に複数のタンパク質コード領域が存在するような転写は起こらず，1本のmRNAは1種類のタンパク質のみをコードしている。つまり，それぞれの遺伝子にはそれぞれ独自のプロモーターと，場合によってはエンハンサーなどが存在し，それぞれ独自に転写の調節[*1]がなされているということである。

　なお，転写が開始されるのは**開始コドン**の位置ではなく，開始コドンの位置よりもかなり上流からである。したがって，mRNAには，開始コドンよりも上流（5′末端側）に**5′非翻訳領域**（**5′-UTR**）が存在することになる。この領域は，リボソームが開始コドンを探すための〝最初のランディング〟が起こる場所でもある。

≫ サイレンサーとリプレッサー

　本講冒頭で，「エンハンサーはスイッチをオンにする人，サイレンサーはオフにする人であるといえる」と述べたように，エンハンサーとは逆に遺伝子発現を抑制する**サイレンサー**と呼ばれる配列も知られている。エンハンサーにアクチベーターが結合して遺伝子発現を促進するように，サイレンサーには**リプレッサー**と呼ばれるタンパク質が結合し，遺伝子発現を抑制する。

≫ ターミネーター

　RNAポリメラーゼが転写を終わらせるきっかけとなるのが**ターミネーター**と呼ばれる塩基配列である。ターミネーターによる転写終結メカニズムは，これもまた原核生物でよく研究されており，主に次の2つのメカニズムが提唱されている。

第**6**講　遺伝子発現の調節

MEMO

*1 **歯状核赤核淡蒼球ルイ体萎縮症**（転写調節の異常）若年発症型ではミオクローヌス，てんかん，精神遅滞を主症状とし，中年発症型では運動失調，不随意運動，認知症を主症状とする遺伝性神経疾患。アトロフィン1遺伝子第5エキソンに存在するCAGリピートの異常伸長によりアトロフィン1のポリグルタミン鎖が伸長し，標的遺伝子の転写抑制因子としての機能が変化してしまうことが神経変性につながると考えられている。

　レット症候群（転写調節の異常）女児に発症する特異な発達障害。てんかん発作，呼吸の異常などを呈することもある。90％以上を占める典型例ではX染色体の*MECP2*遺伝子の変異が原因と見られている。MECP2タンパク質は標的となる複数の遺伝子DNAのメチル化した部位に結合して転写を制御する。*MECP2*遺伝子の変異によりこの制御システムが破綻し，複数の遺伝子の発現異常が起こると考えられている。一方で，MECP2タンパク質が特定のmiRNA（第8講参照）のプロセッシングに関与しており，プロセッシングの不調が疾患の原因との報告もある。

　1つめは，合成されたmRNAそのものが原因となって転写が終結するメカニズムである。このメカニズムでは，mRNAを合成しているRNAポリメラーゼがターミネーターを通過すると，ターミネーターを鋳型として合成された部分が，その刹那にヘアピン構造を形成することにより，RNAポリメラーゼとmRNAとが無理やり引きはがされる。

　2つめは，ρ因子と呼ばれる六量体を形成するタンパク質が関わるもので，RNAポリメラーゼがターミネーターの一部を通過すると，ρ因子がmRNAに結合し，さらにRNAポリメラーゼを結合することでRNAポリメラーゼの反応を停止させると考えられている。

6-2　エピジェネティクスとクロマチン制御

》ゲノムの同一性

　ある1つの多細胞個体を構成するすべての細胞は，そのすべてが1つの受精卵に由来するため，理論上は塩基配列がすべて等しい，同一のゲノムを持っている。髪の毛の細胞も，心臓の細胞も，すべて同一のゲノムを持っている。

　数少ない例外の一つが，リンパ球である。T細胞やB細胞などのリンパ球は，成熟する際に，「T細胞受容体」遺伝子や「抗体（免疫グロブリン）」遺伝子において，それを構成する多数のエキソン同士で組換えが生じることが知られている。この組換えにより，T細胞受容体遺伝子や抗体遺伝子に多様性が生じ，数多くの抗原に対する抗体レパートリーを保有することができる（図6-5）。遺伝子の組換えが起こるということは，ゲノムの一部であるその遺伝子の部分だけ，塩基配列がほかの細胞と異なるということを意味する。

　しかしこうした遺伝子の組換えは，免疫系という特殊な機能に特化するために行われるものであり，リンパ球に特有の現象だ。ほかのほぼすべての体細胞ではそのような組換えは生じないので，ゲノムの塩基配列は受精卵だったときと同一のままとなる（ただし，突然変異はそれぞれの細胞にランダムに生じるため，それを考慮の外に置いたうえでの話である）。これを，**ゲノムの同一性**という。

　ゲノムの同一性があるにもかかわらず，私たちの体細胞が多種多様な形態をし，

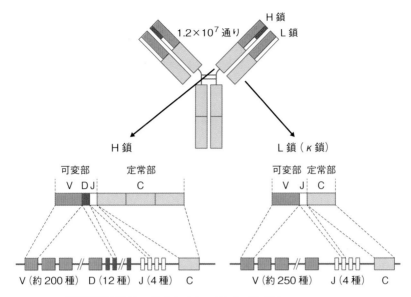

図6－5 抗体の構造と遺伝子配列の模式図（マウスの場合）

エキソンの組換えにより，たとえばH鎖の可変部の遺伝子配列は，約200種のV領域から1つ，12種のD領域から1つ，4種のJ領域から1つが選ばれて構成される

多種多様な機能を持つことができるよう**分化**するのは，いったいどのような理由によるのだろうか。

　その秘密は，エピジェネティクスと呼ばれる現象が握っているのである。

≫ジェネティクスとエピジェネティクス

　ジェネティクスとは「遺伝学」のことである。いわば，DNAの塩基配列として書き込まれた情報が，次世代の細胞や個体にどのように受け継がれていくかを研究する学問であり，またそのしくみのことである。

　では**エピジェネティクス**とは何か。エピジェネティクスの「エピ」は，エピローグという言葉で使われる「エピ」とほぼ同義であり，「〜の後に」という意味を持つ。日本語はほとんど使われないが，敢えてエピジェネティクスを日本語に訳すと，**後成的遺伝学**ということになる。それでは，いったい何が「後成的」なのだろうか。

　DNAの塩基配列が〝生まれつき〟，すなわち「前成的」であるのに対して，〝生

まれつき″ ではないものを「後成的」と表現するならば，それはDNAの塩基配列に〝後付け″で付与される性質であると捉えておけばよい。

そしてその〝後付け″で付与される性質もまた，DNAの塩基配列と同様に，次の細胞へと受け継がれていく。その結果，同じゲノムを持っていても，ある細胞の系列は筋肉の細胞になり，別の細胞の系列は神経細胞になり，そしてまた別の細胞の系列は皮膚の細胞になっていくのである。

》〝後付け″される性質とは

では，DNAの塩基配列に〝後付け″される性質とは，いったい何だろうか。

簡単にいえばこの場合の〝後付け″とは，DNAの塩基配列にそれがなされることによって，DNAの全体的な構造が変化し，その結果，遺伝子発現が促進されたり抑制されたりするような性質，ということである。時にはその〝後付け″は，染色体全体の構造にまで影響が及ぶような場合もある。

DNAの塩基配列が，その生物（個体）の基本情報であれば，〝後付け″される性質とは，その生物（個体）の中で起こる〝遺伝子の使い分け″であるといえる。どの遺伝子を使い，どの遺伝子を使わないか。すなわち遺伝子を使い分けることによって初めて，さまざまな種類の細胞を作り出すことができるというわけである。

その使い分けのツールとして使われるのが，DNAもしくはその周辺タンパク質に起こる「化学的修飾」である。

》DNAのメチル化

エピジェネティクスにおける化学的修飾とは，何らかの化学物質が，DNAやタンパク質の表面に結合することをいう。修飾に使われる化学物質として，「メチル基」「アセチル基」「リン酸基」「ユビキチン」「SUMO（small ubiquitin-related modifier)」などが知られているが，とりわけ重要でよく研究されているのが，「メチル基」と「アセチル基」である。

また，修飾される側として重要なのは，DNAならびに**ヒストン**である。第1講で述べたように，ヒストンは，DNAが〝糸巻き″のように2周ほど取り巻いているタンパク質で，4種類のヒストンが2分子ずつ，合計8つの分子が集まって，それにDNAが巻き付き，「ヌクレオソーム」構造を形成している。

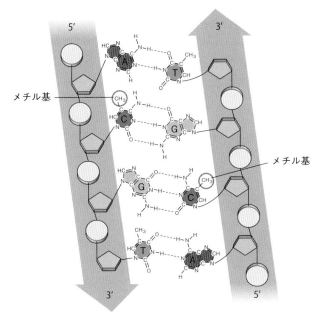

図6−6 DNAのメチル化

さて，DNAに生じる化学的修飾のうち最も重要なのが**メチル基**が結合する**メチル化**と呼ばれる現象である（**図6−6**）。DNAのメチル化は，DNAを含むクロマチン，そして時には染色体全体の構造を変化させることにより遺伝子発現を調節する，〝遺伝子の使い分け〟に重要な意味を持つ。

　DNAのメチル化は，塩基の一つであるシトシン（C）に生じ，メチル化シトシンができる反応である。この化学反応は，「DNAメチルトランスフェラーゼ」と呼ばれる酵素によって触媒される。ただしこの場合，DNA上のすべてのシトシンにメチル化が生じるわけではなく，シトシンの次にグアニン（G）が存在する「5′−CG−3′」という塩基配列部分のシトシンに，特異的に生じることが明らかとなっている（ただ，これまたすべてのCGがメチル化されているわけではない）。CGという塩基配列の相補的な塩基配列もまた，CGである。ということは，シトシンのメチル化は，二本鎖となっているDNAの両方に生じる現象であるといえる（**図6−6**）。

　シトシンがメチル化されたDNAが複製されると，新しく合成されたDNA鎖もまた，DNAメチルトランスフェラーゼによりメチル化されるため，第三者的な視点

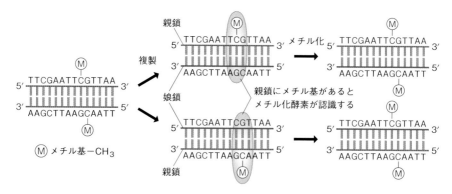

図6−7 DNAのメチル化が複製後に再現されるしくみ

でDNAの複製の様子を見ると，「メチル化」という現象もまた，DNAが複製されるに伴い〝複製〟されるように見える（**図6−7**）。メチル化自体（メチル基自身）が複製されるわけではなく，メチル化されたDNAが複製される，ということである。複製される前のメチル化パターンが複製後に〝再現〟されるわけだから，そのありようはまさに「複製」であるといえよう。

　先ほど，〝後付け〟で付与される性質もまた，DNAの塩基配列と同様に，次の細胞へと受け継がれていくと述べたが，これこそが，DNAの塩基配列に付与された性質もまた「遺伝」していく，エピジェネティクスの典型的な例である。

　さて，DNAの（シトシンの）メチル化により，**遺伝子発現の抑制**[*2]が起こる。シトシンのメチル化が遺伝子のプロモーター領域に起きると，転写因子が結合できなくなり，遺伝子発現が抑制される。あるいは，メチル化シトシンと結合するタンパク質がじゃまをして，遺伝子発現が抑制されるのである。またこのシトシンのメチル化による遺伝子発現の抑制がより大規模に起こることもあり，後述するヒストンの脱アセチル化と共役すると，DNAのある大きな領域全体が凝縮し，遺伝子発現をさらにきつく抑制することが知られている。

MEMO

[*2] **脆弱X症候群**（過剰なDNAメチル化による遺伝子発現抑制）大きな耳，長い顔などの身体的特徴と，知的障害や行動異常がある遺伝性神経疾患。X染色体の *FMR1* 遺伝子の5′非翻訳領域に存在するCGGリピート長が，健常者では50以下のところ200以上に伸長している。伸長したCGGリピートと，隣り合う *FMR1* 遺伝子プロモーター領域のCG配列が過剰なメチル化修飾を受けるため，*FMR1* 遺伝子の発現が抑制される。*FMR1* 遺伝子は神経のシナプスで重要なはたらきをしているため，この遺伝子がはたらかなくなるとシナプスのはたらきが悪くなり，知的障害や行動異常などの症状が出てくると考えられている。

≫ ヒストン・テイル

すでに述べたように，真核生物では，細胞核内に存在するDNAはヒストン八量体に2周ほど巻き付いたヌクレオソーム構造を形成し，これが数珠つなぎとなって，クロマチンを形成している。言ってみれば，ヒストン八量体は，DNAという〝糸〟の〝糸巻き〟だ。

しかしながらヒストンは，ただ単なるDNAの〝糸巻き〟としてのみ機能しているわけではなく，より重要で積極的な機能を持っている。

ヒストン八量体は，〝糸巻き〟の外側に向かって，ヒストンの一部がまるで尻尾か何かのように飛び出した形をしている。ヒストン八量体には，H2A，H2B，H3，H4という4種類のヒストンが2分子ずつ存在し，それぞれのヒストンにこうした尻尾が存在するので，1個のヌクレオソーム（DNAが2周ほど巻き付いた〝糸巻き〟の1個分）から合計8本の〝尻尾〟が飛び出しているという具合になる。

このヒストンの尻尾を，そのままに**ヒストン・テイル**（ヒストンの尾）と呼ぶ。もちろんヒストンの一部なので，テイルの部分もタンパク質であり，その実体はアミノ酸配列である。

≫ ヒストンのアセチル化・脱アセチル化

ヒストンの持つ〝糸巻き〟としての機能以外の，より重要で積極的な機能（もっとも，糸巻きであることもまた，その重要な機能に関わっている）は，じつはこのヒストン・テイルが鍵なのである。

先ほど，「メチル基」「アセチル基」「リン酸基」「ユビキチン」「SUMO」が化学的修飾の代表的なものであることを述べたが，じつにこれらの化学的修飾のほとんどが，ヒストン・テイルに生じることが知られている。

ヒストン・テイルに生じるこれらの修飾のうち，特によく知られ，研究されているのが，ヒストン・テイルに**アセチル基**が付与される**アセチル化**と，その逆反応である**脱アセチル化**である。

ヒストンのアセチル化は，4種類あるヒストンのいずれでも起こる現象である。しかしながら，それが起こる位置は厳密に決まっており，ヒストン・テイルのある特定のアミノ酸残基「リジン」に，アセチル基が結合する（**図6－8**）。

たとえば，ヒストンH3では，N末端側（ヒストン・テイルはN末端にある）か

第 **6** 講 遺伝子発現の調節

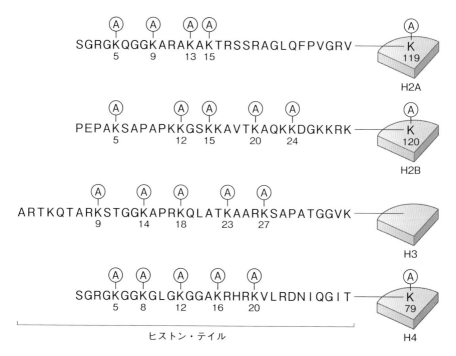

Ⓐ アセチル化　S, G, R…… 等の英字はアミノ酸を表し（図2-12参照），K はアミノ酸のリジンを表す

図6-8　ヒストンのアセチル化

ら数えて9番目，14番目，18番目，23番目，27番目のリジン残基がそれぞれアセチル化されることが知られており，またヒストンH4では，N末端側から数えて5番目，8番目，12番目，16番目，20番目，79番目のリジン残基がそれぞれアセチル化されることが知られている（ただし，H4の79番目のリジン残基は，〝テイル〟部分ではなく〝本体〟にやや入ったところにある）。

　ヒストンをアセチル化するのは，**ヒストンアセチルトランスフェラーゼ（HAT）**と呼ばれる酵素であり，いくつかの種類が存在することが知られている。

　一方，アセチル化したヒストンからアセチル基を除去する，「脱アセチル化」も重要なしくみであり，これは**ヒストンデアセチラーゼ（HDAC）**によってなされる。HDACにも，これまでにいくつかの種類があることが知られている。

　HATとHDAC。この2つの酵素のはたらきによって，ヒストン・テイルのリジン残基にアセチル基が付いたり外れたりする。これこそが，そのヒストンが巻き付いているDNA，つまり遺伝子の発現に，大きな影響を及ぼすのである。

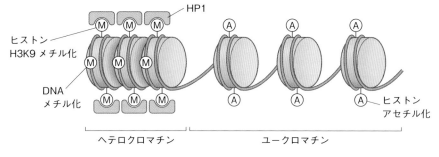

図6−9 クロマチン・リモデリング

なお，このようなヒストンの修飾もまた「遺伝」すると考えられているが，その
しくみはまだよくわかっていない。

≫ クロマチン・リモデリング

すでに述べたように，遺伝子発現が活発なクロマチンでは，ヌクレオソーム構造
は比較的ばらけた状態（ユークロマチン）となっているが，遺伝子発現が行われて
いないクロマチンでは，ヌクレオソーム構造は高度に凝縮した状態（ヘテロクロマ
チン）になっている。

この，クロマチンの構造が凝縮したり脱凝縮（ばらけること）したりするしくみ
の一つが，DNAのメチル化であり，ヒストンのアセチル化・脱アセチル化である
と考えられている。そして，クロマチン構造がダイナミックに変化することで，遺
伝子発現が促進されたり，抑制されたりする。このしくみを**クロマチン・リモデリ
ング**[*3]と呼ぶ（**図6−9**）。

それではどのようにして，DNAのメチル化やヒストンのアセチル化・脱アセチ
ル化がクロマチン構造の変化を引き起こすのか。まず，クロマチンが凝縮するメカ
ニズムを見ていこう。

これから凝縮しようとするクロマチンでは，その原因となるDNAの（シトシン
の）メチル化が生じる。すると，メチル化DNAと特異的に結合するタンパク質が
結合する。さらに，HDACによるヒストンの脱アセチル化が進行し，アセチル基
がヒストン・テイルから取り外される。これらにより，クロマチンが凝縮し，遺伝
子発現が抑制される。

また，アセチル化されていたヒストンH3の9番目のリジンが脱アセチル化され

第**6**講 遺伝子発現の調節

ると，今度はこのリジンがメチル化される。すると，このメチル化ヒストンと特異的に結合するタンパク質「HP1：heterochromatin protein 1」が結合し，ヌクレオソーム同士を固く結び付けてヘテロクロマチンが形成され，遺伝子発現が抑制される（図6−9）。

　それでは，遺伝子発現の抑制の逆，すなわち遺伝子発現が促進される場合は，どのようなことが起こるのだろうか。ヒストンの脱アセチル化が，クロマチンの凝縮と遺伝子発現の抑制のきっかけとなるわけだから，ヒストンをアセチル化すれば，クロマチンは脱凝縮し，遺伝子発現は促進されるはずである。

　リジンは塩基性アミノ酸であるため，その側鎖はプラス電荷を帯びており，塩基性タンパク質であるヒストン全体のプラス電荷の一翼を担っている（図6−10）。一方，DNAは分子内にリン酸基を大量に持つため，分子全体としてマイナス電荷を帯びている。だからこそ，プラス電荷を帯びたヒストンとマイナス電荷を帯びたDNAがうまく結び付き，〝糸巻き〟が形成される。

　すなわち，リジンがアセチル化されることにより，リジンのプラス電荷は消失し，その結果，ヒストン全体のプラス電荷が弱まり，DNAとの相互作用が緩んで，遺伝子発現が行われやすくなる（図6−10）。

　リジンがHATのはたらきによってアセチル化され，ヒストンのプラス電荷が弱

MEMO✓

*3 **ATR-X症候群**（クロマチン・リモデリングの異常）男性に発症し，重度の精神運動発達遅滞，特徴的顔貌，独特の行動，姿勢異常などが特徴。X染色体の*ATRX*遺伝子の変異を原因とする。ATRXタンパク質はクロマチン・リモデリング因子であり，DNAとヒストンから成るクロマチンの構造変化による遺伝子発現の制御に関わっている。*ATRX*遺伝子の変異によりこのエピジェネティックな制御システムが破綻すると，複数の遺伝子の発現異常が起こって多様な症状を呈すると考えられる。

　ソトス症候群（クロマチン・リモデリングの異常）脳性巨人症とも呼ばれ，胎児期・小児期に顕著な過成長，特徴的顔貌，精神発達遅滞などを呈する遺伝性疾患。*NSD1*遺伝子の変異によるNSD1タンパク質の発現量低下が原因とされる。NSD1タンパク質はヒストンH3-K36メチル化酵素であり，ヒストンの修飾を通じて下流の遺伝子の発現を制御していると考えられている。NSD1タンパク質の発現量低下により，下流の複数の遺伝子の発現に変化が生じ，その結果，ソトス症候群に特有の症状が生じると考えられる。

　ウィーバー症候群（クロマチン・リモデリングの異常）多様な症状を呈する先天奇形症候群の一つ。出生前から過成長を示し，骨年齢促進，特徴的顔貌，軽度〜中等度の精神発達遅滞などを特徴とする。ヒストンメチル基転移酵素をコードする*EZH2*遺伝子の変異が原因。この酵素はヒストンH3の27番目のリジンをメチル化し，その領域にある遺伝子の転写を抑制する。*EZH2*遺伝子の変異により転写抑制がうまくできなくなることが発症につながると考えられる。

　歌舞伎症候群（クロマチン・リモデリングの異常）特徴的顔貌と発達の遅れを伴う先天性疾患。名の由来は切れ長の目が歌舞伎役者の隈取りに似ることから。患者の50％以上に*KMT2D*遺伝子の変異が，約5％に*KDM6A*遺伝子の変異が認められる。前者がコードするのはヒストンH3-K4のトリメチル化酵素，後者がコードするのはヒストンH3-K27の脱メチル化酵素であり，歌舞伎症候群はヒストンのメチル化・脱メチル化異常症と考えられている。

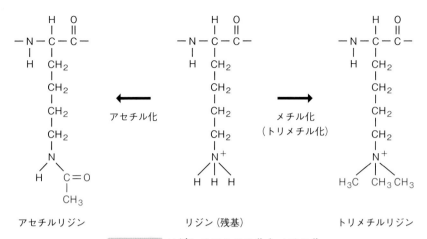

図6-10 リジンのアセチル化とメチル化

まると，DNAとの結び付きもまた弱まる。さらにDNAが「脱メチル」化されると，これらがクロマチンの脱凝縮を引き起こすと同時に，ヒストン分子自身がDNAとの結合を弱めることで，遺伝子発現もまた活発になる。なぜなら，遺伝子が発現する際にmRNAが転写されるとき，RNAポリメラーゼが"糸巻き"部分のDNAを鋳型にし，mRNAを合成するため，ヒストンはいったん，DNAから離れなければならないからだ。

　こうして，ヒストンがアセチル化されると，ヒストンとDNAとの結合が緩み，遺伝子発現が促進されるのである。

≫ ヒストンコード仮説

　先ほども述べたように，ヒストン八量体からそれぞれ伸びたヒストン・テイルには，メチル化，アセチル化，リン酸化，ユビキチン化，SUMO化などの化学的修飾がなされるさまざまな部位が存在する。それぞれの部位のどこが，どのような化学的修飾を受けるかによって，遺伝子発現が促進されるか抑制されるかが決まってくる。

　たとえば，ヒストンのあるアミノ酸残基AとBがアセチル化され，別のアミノ酸残基CとDがメチル化されたら遺伝子発現が促進され転写が起こる，またヒストンの別のアミノ酸残基EとFがユビキチン化され，別のアミノ酸残基GとHが脱アセチル化されたら遺伝子発現が抑制される，といったことである。これはつまり，ヒ

ストンに生じる化学的修飾の〝全体像〟と，遺伝子発現の促進，抑制が，１対１の
ような対応関係になっているということを意味する。

　これは，遺伝子発現の調節を，ヒストンの化学的修飾そのものが〝コード〟して
いるのではないかとも考えることができる。

　もちろん，ヒストンの化学的修飾はあくまでも〝目印〟であり，実際に遺伝子発
現をコントロールするのは転写因子などのタンパク質だ。ただ，その転写因子の挙
動を決めるのは，ヒストン分子上に存在する化学的修飾のパターンであるといえる
ことから，この考え方を**ヒストンコード仮説**という。

》発がんとエピジェネティクス

　正常な体細胞ががん化する原因として，これまでその主たるものと考えられてき
たのが，「がん遺伝子」ならびに「がん抑制遺伝子」である。

　がん遺伝子は，本来私たちの正常な細胞に存在する「がん原遺伝子」が突然変異
を起こすことにより生じるものであり，その結果，細胞の「がん化」が促進され
る。また，遺伝子の塩基配列そのものには変化がなくても，何らかの原因によりそ
の遺伝子発現が亢進してしまったり，遺伝子の数がコピーされて増えてしまったり
した場合でも，細胞のがん化が促進される。Srcなどの細胞表面受容体（Srcは
「チロシンキナーゼ」と呼ばれるタンパク質リン酸化酵素），Rasなどのセカンドメ
ッセンジャー，Mycなどの転写因子等，多くのがん原遺伝子ががん遺伝子に変化
する例が知られている。

　一方**がん抑制遺伝子**は，突然変異などによるその機能の欠失により，細胞のがん
化が促進される。細胞周期の進行を抑制する「Rbタンパク質」，ゲノムを保護する
「p53タンパク質」，「アポトーシス（プログラム細胞死）」を促進する「Bcl-2タン
パク質」などの遺伝子が，がん抑制遺伝子であることが知られている。

　したがって，よくあるたとえでいえば，前者は〝アクセル〟であり，後者は〝ブ
レーキ〟である。アクセルが強くなり，さらにブレーキが壊れると，細胞のがん化
への引き金が引かれるのである。

　細胞のがん化は，あるたった１つのがん遺伝子（もしくはがん抑制遺伝子）の突
然変異によって生じるものではなく，複数の突然変異が重なって生じる，非常に複
雑な過程であるとされる。最近では，がん遺伝子やがん抑制遺伝子自身が変異を起
こすことだけでなく，さまざまなエピジェネティックな要因，そして第8講で紹介

する「ノンコーディングRNA（ncRNA）」が，発がんのメカニズムに大きく関わっていると考えられるようになってきている。

　エピジェネティクスの主要なメカニズムの一つが，DNAのメチル化による遺伝子発現の抑制である。DNAのある領域においてシトシンのメチル化が亢進すると，メチル化DNA結合タンパク質が結合し，その領域のクロマチン構造が変化し，凝縮が促進される。その結果，その領域に存在する遺伝子の発現が抑制される。

　この現象がもし，がん抑制遺伝子が存在する領域で生じたらどうなるだろうか。がん抑制遺伝子の発現が抑制されると，発がんの〝ブレーキ〟としての作用が消失し，細胞のがん化が促進されることになる。たとえば，細胞周期を制御するがん抑制遺伝子産物Rbタンパク質の欠失によって引き起こされる**網膜芽細胞腫**（retinoblastoma）は，子どもの網膜に発生することが多い「家族性」のがんを含むことで知られているが，このがんを多発する家系では，*Rb*遺伝子のプロモーター領域のシトシンが，高度にメチル化されていることが明らかになっている。おそらくその高度なメチル化により，たとえ*Rb*遺伝子そのものが欠失していなくても，*Rb*遺伝子の発現が低下するか，発現しなくなっているのであろう。

　これとは逆の事態も考えられる。ヒストンのアセチル化やDNAの脱メチル化によって遺伝子発現が促進される場合，もしそれががん原遺伝子が存在する領域で起こると，がん原遺伝子の発現が促進され，遺伝子そのものには変異がなくても，大量に存在するがん原遺伝子産物によって，細胞のがん化が促進されるのかもしれない。

　がん細胞は，上記の*Rb*遺伝子プロモーターのように局所的には高メチル化状態である場合もあるが，全体的には正常細胞に比べて低メチル化状態であると考えられている。動物実験では，細胞の低メチル化状態がクロマチン・リモデリングに影響を及ぼし，染色体が不安定化することも報告されている。

第6講 遺伝子発現の調節

コラム ❻

ゲノム編集

　近年，分子生物学の分野で非常に注目されている技術がある。基礎研究のみならず，医学などの応用分野でも期待されている技術だ。それが**ゲノム編集**である。

　ゲノム編集とは，ある生物のゲノムにおいて，特定の塩基配列の部分を切断することができる人工ヌクレアーゼ（核酸分解酵素）を用いて切断したり，任意の塩基配列

を持ったDNA断片を挿入したりすることができる技術である。5－4節で述べたRNA編集はmRNAの塩基配列を変化させるものであり，一部の生物が本来持っているしくみであるが，ゲノム編集は，"生命の設計図"たるDNAそのものを"編集"する技術であり，人為的なものである。

　人工ヌクレアーゼとして，「ZFN（Zinc-Finger Nuclease）」「TALEN（Transcription Activator-Like Effector Nuclease）」「CRISPR／Cas9（Clustered Regularly Interspaced Short Palindromic Repeats／CRISPR Associated Protein 9）」などが用いられているが，現在最もよく使われているのは，簡便な方法でゲノム編集を行うことができる**CRISPR／Cas9（クリスパー／キャス9）**である。

　CRISPRというのは，もともとは細菌が持っている，バクテリオファージなどの外来DNAに対する防御機構のためのDNA領域（CRISPR〈クリスパー〉領域）のことである。そして，この領域の上流には，Cas遺伝子群が存在する。外来DNAが侵入すると，Casタンパク質の一つが外来DNAの一部の配列を切断し，自らのCRISPR領域に挿入する。この，外来DNAの一部が挿入されたCRISPR領域からRNAが転写され，crRNA（クリスパーRNA）となり，これがDNA切断酵素の一つCas9と複合

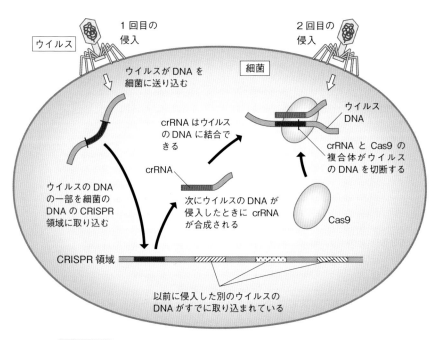

図6－11　CRISPR領域とCas9を使った細菌の"免疫システム"

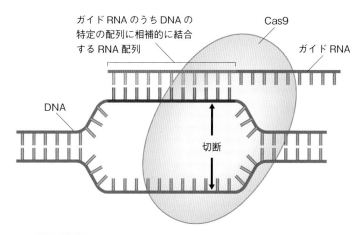

図6－12 ガイドRNAとCas9の複合体によるDNAの切断

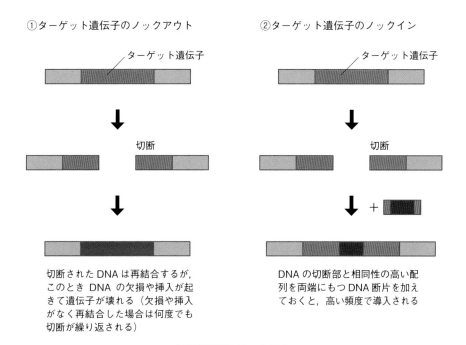

①ターゲット遺伝子のノックアウト

切断されたDNAは再結合するが，このときDNAの欠損や挿入が起きて遺伝子が壊れる（欠損や挿入がなく再結合した場合は何度でも切断が繰り返される）

②ターゲット遺伝子のノックイン

DNAの切断部と相同性の高い配列を両端にもつDNA断片を加えておくと，高い頻度で導入される

図6－13 ゲノム編集

体を形成することで，次に侵入してきた外来DNAがcrRNAによって相補的に認識され，外来DNAはCas9によって分解されるのである**（図6－11）**。この，細菌の〝免疫システム〟を応用したのが，ゲノム編集なのである。

すなわち、"編集"したいDNAの塩基配列と相補的なRNA（ガイドRNA）を合成し、それとCas9の複合体を形成させると、目的のDNAを切断する道具ができあがる**（図6−12）**。現在では、それ専用のベクター（Cas9遺伝子を組み込み済み）が開発されており、そのベクターに合成したガイドRNAを組み込み、細胞内に導入すれば、細胞のDNAの、ガイドRNAと相補的な部分が切断される。その切断部位に、目的のDNA断片を挿入すればよい**（図6−13）**。

このように、ゲノム編集は比較的簡単に、研究者が思うように生物のゲノムを変えることができることから、わが国では受精卵に対する適用は認められていない。しかし、世界的な趨勢を見ると、近い将来はどうなるか定かではない。

ちなみに、ゲノム編集の基になった、細菌が持つ「CRISPR」と非常によく似たしくみが、巨大ウイルスの一種ミミウイルスにも見つかっており、「MIMIVIRE（ミミヴァイア）」と呼ばれている。ミミウイルスには「ヴァイロファージ」と呼ばれる小さなウイルスが感染することが知られており、それに対する防御機構としてMIMIVIREが進化したとされている。これも、一つの"免疫システム"であるといえる。

第6講のまとめ

1. 遺伝子の近傍には、「遺伝子発現」を調節するための「転写調節領域」が存在する。転写が開始されるところに近い転写調節領域を「プロモーター」といい、RNAポリメラーゼや基本転写因子などが結合する。

2. 原核生物では、複数の遺伝子が1つにつながり、1つの転写因子による制御下に置かれていることが知られている。このような転写単位を「オペロン」といい、トリプトファンオペロンやラクトースオペロンなどが知られている。

3. 真核生物のクロマチンは、遺伝子が活発に発現している領域では、ヌクレオソーム構造が比較的ばらけた状態となっており、これを「ユークロマチン」という。一方、遺伝子が活発には（あるいはまったく）発現していない領域では、ヌクレオソーム構造が比較的密に凝縮した状態となっており、これを「ヘテロクロマチン」という。

4. 真核生物には、転写が開始される部位から数千塩基も離れた位置に転写調節領域である「エンハンサー」が存在することがある。エンハンサーには、転写

反応を促進するタンパク質である「アクチベーター」と呼ばれる転写因子が結合し、「メディエーター」と呼ばれる巨大なタンパク質複合体を介して転写開始前複合体などと相互作用し、転写開始をコントロールしている。

5. ▸ 「エピジェネティクス」における化学的修飾には、「メチル化」「アセチル化」をはじめ、「リン酸化」「ユビキチン化」「SUMO化」などさまざまなものがあり、「ヒストン」やDNAが修飾を受ける。

6. ▸ 真核生物では、細胞核内DNAは「ヒストン八量体」に2周ほど巻き付いてヌクレオソーム構造を形成している。この〝糸巻き〟の外側に、それぞれのヒストン分子の一部がまるで尻尾のように飛び出しており、これを「ヒストン・テイル」という。

7. ▸ 主にヒストン・テイルに生じる「アセチル化」とその逆反応である「脱アセチル化」は、「クロマチン・リモデリング」に大きな役割を担っており、アセチル化により遺伝子発現は促進され、脱アセチル化により抑制される。

8. ▸ DNAのシトシンに生じる「メチル化」はクロマチンを凝縮させる作用を持つため、メチル化により遺伝子発現は抑制され、「脱メチル化」により促進されることになる。

9. ▸ ヒストンの化学的修飾はあくまでも目印であるが、転写因子の挙動を決めるのは、ヒストンの化学的修飾のパターンであるといえる。このことから、ヒストンの化学的修飾そのものが遺伝子発現を〝コード〟しているとする考え方、「ヒストンコード仮説」が生まれた。

10. ▸ エピジェネティクスは発がんにも関与していると考えられており、たとえばがん抑制遺伝子として知られる*Rb*遺伝子のプロモーター領域が高度にメチル化されることにより、*Rb*遺伝子の発現が抑制され、細胞のがん化を促進している場合があると考えられている。

遺伝子発現のしくみ
～翻訳～

7-1 リボソームと核小体

≫ リボソームとrRNA

　タンパク質を合成するのは，細胞質に無数に存在する**リボソーム**と呼ばれる粒子状の物体である。リボソームは数十種類にも及ぶ**リボソームタンパク質**と，数種類の**rRNA（リボソームRNA）**から成るので，タンパク質などの分子から見ると，とてつもなく巨大な粒子ということになる。リボソームタンパク質は，原核生物では50種類以上，真核生物では70種類以上のものが知られている。ただ，リボソームの機能の主要な部分を占めるのはリボソームタンパク質ではなく，rRNAである（**表7-1**）。

　rRNAは，遠心分離をしたときにどのくらいの速度で沈み込むかという指標（沈降係数）によって，原核生物では23S，5S，そして16Sという3種類のrRNAがあり，真核生物では28S，5.8S，5S，そして18Sという4種類のrRNAがある。

　リボソーム粒子そのものにも沈降係数が設定されており，原核生物のリボソームの沈降係数は70S，真核生物のリボソームの沈降係数は80Sである。

　リボソーム粒子そのものは，**大サブユニット**と**小サブユニット**という2つのパーツに分かれる（**図7-1**）。ただしこの場合の「サブユニット」は，タンパク質の四次構造におけるサブユニットとは異なる。

表7-1 真核生物におけるRNAの種類

RNAの種類	主なはたらき
mRNA（メッセンジャーRNA）	タンパク質のアミノ酸配列をコードする塩基配列を持つ
rRNA（リボソームRNA）	リボソームに含まれ，タンパク質合成に関わる
tRNA（トランスファーRNA）	結合したアミノ酸をリボソームまで運ぶ
そのほかの低分子RNA（詳しくは第8講）	mRNAのスプライシング，遺伝子発現の制御，タンパク質の小胞体への輸送などに関与する

原核生物では，23S，5Sの両rRNAは大サブユニットに，16S rRNAは小サブユニットに存在し，真核生物では，28S，5.8S，5Sの各rRNAは大サブユニットに，18S rRNAは小サブユニットに存在する。リボソームは細胞内に無数に存在しているため，細胞中に含まれるrRNAの量もきわめて膨大である。細胞からRNA画分をすべて抽出すると，そのほとんどをrRNAが占める。

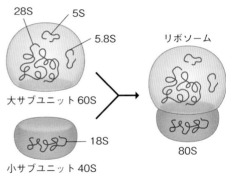

図7−1 リボソームの大サブユニットと小サブユニット（真核生物）

rRNAは，リボソームにおけるタンパク質合成反応（アミノ酸とアミノ酸をつなぐ「ペプチド転移反応」）の触媒としてはたらく。通常，生体内の化学反応の触媒としてのはたらきは酵素タンパク質が持っているが，rRNAには，タンパク質と同じように化学反応の触媒をする酵素活性が存在する。こうした，タンパク質と同じく酵素活性を有するRNAを**リボザイム**（リボ核酸と，酵素の英語名であるエンザイムを足してできた言葉）という。

大サブユニットは，アミノ酸とアミノ酸をつなぎ，ペプチド結合を形成する反応の場であり，小サブユニットは，mRNAと結合する場である。また，大サブユニットと小サブユニットが結合すると，tRNAを受け入れる空間（A部位，P部位，E部位）ができる（**図7−2**）。

大サブユニットに存在するrRNAのうち，最も大きな沈降係数を持つrRNA（原核生物では23S，真核生物では28S）には，ペプチド結合を形成する反応（ペプチド転移反応）を触媒する酵素活性が存在する。

≫ リボソームは核小体で作られる

核小体は，真核細胞の核の中に存在する，膜で明確な区画分けはなされていない

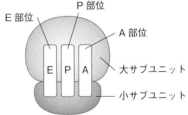

図7−2 リボソームのA部位，P部位，E部位

172

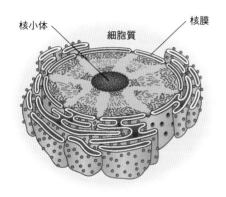

核小体　　　　　　　核膜
　　　　　細胞質

図7−3 核と核小体

が，電子顕微鏡などにより明確にその存在が認識できる領域であり，ここでリボソームが作られている（**図7−3**）。

rRNAの遺伝子（rDNA）は，ゲノム中で1ヵ所に集中して存在しているわけではなく，複数の染色体に分散して存在している。ヒトの場合，rDNAは5つの染色体に分散して存在しており，これらrDNAが，細胞核内のある特定の領域に集まり，rRNAが活発に転写され，リボソームタンパク質が集合している場所が，核小体として認識される電子密度の高い（電子顕微鏡で見ると濃く見える）領域を形成するのである。このことから，5つの染色体に分散したこのrDNAの領域を，それぞれ**核小体オーガナイザー領域**と呼ぶ（**図7−4**）。

これら5つの染色体にあるそれぞれの真核生物のrDNAは，大サブユニットに含まれる28S rRNA，5.8S rRNA，ならびに小サブユニットに含まれる18S rRNAのそれぞれの遺伝子が1列に並び，1つの転写単位を形成している。この転写単位は，1つの核小体オーガナイザー領域の中に複数，繰り返して存在している。なお，大

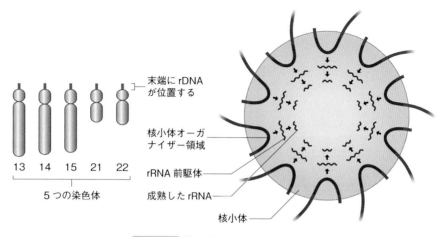

末端に rDNA が位置する

13　14　15　21　22
5つの染色体

核小体オーガナイザー領域
rRNA 前駆体
成熟した rRNA
核小体

図7−4 核小体オーガナイザー領域

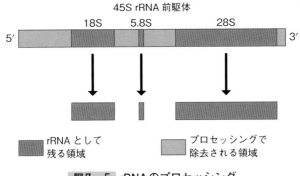

図7−5 rRNAのプロセッシング

サブユニットに含まれる5S rRNA遺伝子だけは，ほかの染色体にある。

　これら核小体オーガナイザー領域が集まり，核小体が形成されると，そこで
rRNAの転写ならびにプロセッシング（**図7−5**），リボソームタンパク質ならびに核
小体タンパク質との会合が行われる。

　rRNAのプロセッシングでは，mRNAのような，ポリAテイルや5′キャップ構造
は形成されない。まず，この転写単位が「RNAポリメラーゼⅠ」によって転写さ
れ，45S rRNA前駆体というものが作られる。45S rRNA前駆体は，リボソームタ
ンパク質ならびに核小体タンパク質（これらのタンパク質は，細胞質で合成された
後，核膜孔を通って核小体へと移行する）と結合し，80S rRNP（pre-ribosomal
ribonucleoprotein particle）を形成する。

　この80S rRNPに含まれるrRNA前駆体が，最終的に28S，5.8S，18Sの各rRNA
となり，核小体以外の場所でRNAポリメラーゼⅢによって転写された5S rRNAと
ともに，大サブユニットならびに小サブユニットを形成するのである（**図7−6**）。

　そしてこれらリボソームサブユニットは，別々に核膜孔を通過し，細胞質へと移
行する。

第**7**講　遺伝子発現のしくみ〜翻訳〜

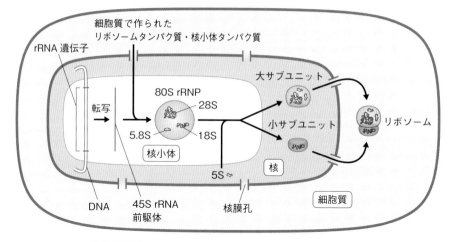

図7-6 rRNAの転写からリボソーム完成までの流れ

7-2 翻訳の反応過程

》遺伝暗号

リボソームでは，mRNAの塩基配列が読み取られ，その情報のとおりのアミノ酸配列を持つポリペプチドが合成されるわけだから，いかにして塩基配列をアミノ酸配列に〝翻訳〟するかが，文字どおり，翻訳の反応過程の中で最も重要なステップとなっている。

4種類の塩基から成る塩基配列を，20種類のアミノ酸から成るアミノ酸配列へと翻訳するためには，mRNA上の複数の塩基の並びが1つのアミノ酸を指定するようなしくみとなっている必要がある。具体的には，3つの塩基の並びが1つのアミノ酸を指定している。このしくみを**遺伝暗号**という。

たとえば，DNA上にある遺伝子の中で，ATGという塩基配列があったとすると，それは転写されてmRNAではAUGという塩基配列となる。AUGは，メチオニンというアミノ酸を指定（コード）する遺伝暗号である。また，TCCという塩基配列があったとすると，同様にmRNAではUCCとなり，これはセリンというアミノ酸をコードしている。このAUGやUCCのようなmRNA上の3塩基の並びのこ

表7－2 遺伝暗号表（コドン表）

第1文字	第2文字 U		第2文字 C		第2文字 A		第2文字 G		第3文字
	コドン	アミノ酸	コドン	アミノ酸	コドン	アミノ酸	コドン	アミノ酸	
U	UUU	フェニルアラニン（Phe）	UCU	セリン（Ser）	UAU	チロシン（Tyr）	UGU	システイン（Cys）	U
	UUC		UCC		UAC		UGC		C
	UUA	ロイシン（Leu）	UCA		UAA	終止コドン	UGA	終止コドン	A
	UUG		UCG		UAG		UGG	トリプトファン（Trp）	G
C	CUU	ロイシン（Leu）	CCU	プロリン（Pro）	CAU	ヒスチジン（His）	CGU	アルギニン（Arg）	U
	CUC		CCC		CAC		CGC		C
	CUA		CCA		CAA	グルタミン（Gln）	CGA		A
	CUG		CCG		CAG		CGG		G
A	AUU	イソロイシン（Ile）	ACU	トレオニン（Thr）	AAU	アスパラギン（Asn）	AGU	セリン（Ser）	U
	AUC		ACC		AAC		AGC		C
	AUA		ACA		AAA	リジン（Lys）	AGA	アルギニン（Arg）	A
	AUG	メチオニン（Met）＝開始コドン	ACG		AAG		AGG		G
G	GUU	バリン（Val）	GCU	アラニン（Ala）	GAU	アスパラギン酸（Asp）	GGU	グリシン（Gly）	U
	GUC		GCC		GAC		GGC		C
	GUA		GCA		GAA	グルタミン酸（Glu）	GGA		A
	GUG		GCG		GAG		GGG		G

とを**コドン**という。したがって，遺伝暗号を記した表を**遺伝暗号表**，もしくは**コドン表**などと呼ぶ（**表7－2**）。

　コドンは3つの塩基の並びだから，$4 \times 4 \times 4 = 64$通りのものがあるが，指定される側のアミノ酸は20種類しか存在しないため，ほとんどのアミノ酸は，複数種類のコドンによって指定されることになる。たとえば，ロイシンというアミノ酸を指定するコドンには，UUA，UUG，CUU，CUC，CUA，CUGという6種類のものが存在する。このようなコドンを**同義語コドン**といい，コドンが**縮重**しているという。なぜアミノ酸によってコドンの種類数が異なるのかについてはよくわかっていない。

　この縮重によって，1個だけ塩基が置換して別の塩基に変化しても，アミノ酸は変化しないという〝保障〟が，一部ではあるが得られていることになる（たとえばCUU，CUC，CUA，CUGは，3番目の塩基がどれに置換しても，変わらずロイシンをコードできる）。1番目と2番目の塩基の置換までカバーすることができなかっ

たのは仕方がないことだと思われる。もし1番目と2番目までそうした〝保障〟が得られるなら，特定のアミノ酸を指定するコドンという概念そのものの意味がなくなってしまうだろう。

コドンの中には，翻訳が始まる最初のアミノ酸をコードする**開始コドン**と，翻訳を終了させる複数の**終止コドン**が存在する。すべての生物において，開始コドンはつねにメチオニンであり（ただし細菌はフォルミルメチオニン），そのコドンであるAUGが開始コドンとしてはたらく。また，終止コドンにはUAA，UAG，UGAの3種類のものがある。

このように，すべての生物で使われるコドンを**普遍遺伝暗号**と呼ぶのだが，じつは一部の生物では，これらのコドンを別の用途に使っている事例がある。

たとえば，真核生物のミトコンドリアは，1−2節で述べたように，もともとは好気性生物から進化したものであるため，自分でもDNAとリボソームを持っていて，ミトコンドリア内で一部のタンパク質を作ることが知られており，終止コドンの一つUGAを，じつは終止コドンとしてではなく「トリプトファン」のコドンとして使用している。またある種の繊毛虫類（ユープロテス）は，終止コドンの一つUGAを，やはり終止コドンとしてではなく，「システイン」のコドンとして使用することが知られている。

こうした遺伝暗号は**非普遍遺伝暗号**と呼ばれているが，進化の過程で生じた何らかの原因（ATとGCのそれぞれの塩基対の割合の変化，ゲノムの縮小などのゲノム上の変化）によって，コドンの役割も変化してきたものと考えられている。

》 tRNA

タンパク質を構成するアミノ酸には，20種類のものがある（図2−12参照）。

タンパク質を合成する装置は，細胞質に存在するリボソームである。タンパク質が合成されるためには，遺伝情報（遺伝子と同じ塩基配列）を持つmRNAがリボソームに結合することももちろんだが，タンパク質の材料となる20種類のアミノ酸をリボソームにまで運んでくることもきわめて重要である。その役割を果たすのが**tRNA（トランスファーRNA）**と呼ばれるRNAである（図7−7）。

tRNAは比較的小さな分子だが，mRNAと結合する部分と，アミノ酸と結合する部分の両方があり，両者を適切に仲介する非常に重要な役割を果たす。二次元的に表現するとクローバーの葉のような形をしていることから，tRNAの構造を「クロ

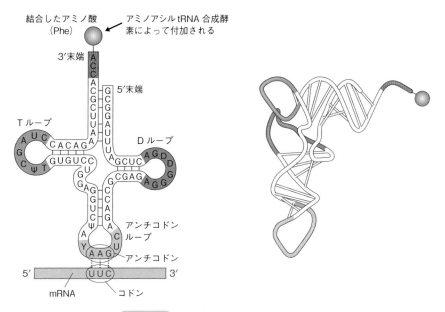

図7−7 tRNAとコドン・アンチコドン

どのアミノ酸を結合するtRNAかによってヌクレオチド配列は異なる。なお，D，T，Ψ，Yは特殊塩基を指す。右は一般化したtRNA骨格の三次元モデル

ーバー構造」と表現することがある。

　tRNAには，mRNAのコドンと塩基対を形成することができる3つの塩基の並びが存在しており，これを**アンチコドン**という。たとえば，メチオニンをコードするAUGと塩基対を形成することができるアンチコドンは，CAUである（塩基対を形成するので，RNAの方向が逆になり，したがって読み方も逆になる）。

　tRNAの3′末端にアミノ酸を結合させるのは，**アミノアシルtRNA合成酵素**と呼ばれる酵素である。第1講のコラムにおいて，巨大ウイルスのうちのいくつかがその遺伝子を持っていると述べた酵素のことだ。アミノ酸は，つねに細胞内で生合成が行われており（必須アミノ酸は生合成できないので，体外から取り入れている），つねに細胞内にアミノ酸の〝プール〟ができている。その〝プール〟の中から，アミノアシルtRNA合成酵素によってアミノ酸が1個ずつピックアップされて，tRNAに結合すると，tRNAはアミノ酸を結合させたままリボソームへと移行し，そこでmRNAに刻まれている遺伝情報の指定どおりに，アミノ酸をリボソーム内部へと運び込むのである。

　それぞれの種類のアミノ酸を，適切なtRNAに付加するアミノアシルtRNA合成

酵素は決まっており，上述のアンチコドンCAUを持つtRNAには，アミノアシル
tRNA合成酵素の一つである「メチオニルtRNA合成酵素」が，メチオニンを付加
する。

　言ってみれば，「アミノ酸A－アミノ酸A用アミノアシルtRNA合成酵素－A用ア
ンチコドンを持つtRNA」という〝合成キット〟が厳密に決まっているがゆえに，
コドンの指定どおりのアミノ酸配列を持つタンパク質を，リボソームで作り上げる
ことができるのである。

》mRNAへのリボソームの結合

　核内で合成され，成熟し，細胞質へと移行してきたmRNAには，すぐさまリボ
ソームのうち小サブユニットが結合する。

　このとき，原核生物では，mRNAの開始コドンの上流に存在する**シャイン・ダ
ルガノ配列（SD配列）**と呼ばれる塩基配列と，小サブユニットを構成する16S
rRNAに存在するアンチSD配列との間で塩基対が形成されることにより，mRNA
と小サブユニットが結合することになる。一方，真核生物には，SD配列と同じよ
うな役割を果たすと考えられているものとして**コザック配列**が，そのmRNA上に
存在する。翻訳開始におけるコザック配列の役割はよくわかっていないが，おそら
く原核生物のSD配列と同様に，リボソームによる翻訳開始に関与するのであろ
う。

　真核生物では，まずリボソームの小サブユニットに，開始コドンが指定するアミ
ノ酸**メチオニン**を結合させた，翻訳開始に必要なメチオニルtRNAが結合し，それ
がmRNA上を走査しながら開始コドンを探す。そうして開始コドンを探しあてる
と，メチオニルtRNAがアンチコドンを介して結合する。

　こうして，開始コドンにメチオニルtRNAが結合した状態の小サブユニットに，
リボソームの大サブユニットが会合することで，翻訳がスタートするのである（**図
7－8**）。

》A部位，P部位，E部位

　小サブユニットと大サブユニットが会合した状態のリボソーム内には，tRNAが
入り込む空間が3つできあがる。この3つはお互いに並んで存在しており，中央に

①リボソームの小サブユニットの P 部位にメチオニル tRNA が結合する

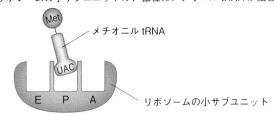

②mRNA に結合し，走査しながら開始コドン AUG を探す

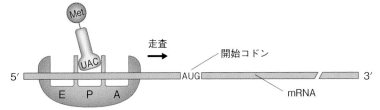

③開始コドン AUG を探しあてると，メチオニル tRNA がアンチコドンを介して結合する

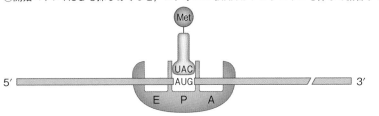

④リボソームの大サブユニットが会合して翻訳が開始される

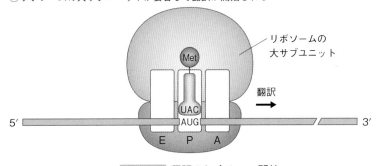

図7-8 翻訳のしくみ——開始

第7講

遺伝子発現のしくみ〜翻訳〜

P部位，その両隣にあるのがA部位とE部位である。アミノアシル化されたtRNAがリボソームまで移行したとき，最初に入り込むのがA部位で，rRNAの持つペプチド転移反応によってペプチド結合が形成され，アミノ酸がつながるのがP部位，アミノ酸を解離したtRNAがリボソームから放出されるのがE部位である。

　A部位のAとは「アミノアシルtRNA（Aminoacyl tRNA）」のAである。アミノアシルtRNA，すなわちアミノ酸が結合したtRNAが入り込む場所，というわけだ。P部位のPとは「ペプチジルtRNA（Peptidyl tRNA）」のPで，こちらはペプチドと結合したtRNA（すなわち，自身が持ち込んだアミノ酸が，すでにつながっていたペプチド鎖とつながった状態）が存在する場所，という意味である。そしてE部位のEとは，文字どおり「Exit（出口）」のEである。

≫tRNAと翻訳作業

　アミノアシル化されたtRNAは，リボソームのA部位に入り込み，アンチコドン部位を介してmRNA上のコドンと結合する。続いて，tRNAに結合していたアミノ酸は，大サブユニットを構成するrRNAの触媒作用により，伸長しつつあるポリペプチド鎖のC末端側に，ペプチド結合によって結合し，リボソームがmRNA上を滑るように3塩基分移動して，A部位にあったtRNAがP部位に移動する。A部位には次のtRNAがやってくる。アミノ酸を離したtRNAはE部位へと移動し，やがてリボソームから放出される。この反応が，次々に進行する（**図7−9**）。

　こうして，mRNA上の終止コドンがA部位にやってくるまで，同様の反応が繰り返され，アミノ酸がペプチド結合によって多数つながったポリペプチド鎖が形成されていく。なおこの伸長反応には，EF（elongation factor）−1αならびにEF−2という伸長因子が関与する。EF−1αは，アミノアシルtRNAに結合し，これをリボソームのA部位に入り込ませる役割を果たし，EF−2は，リボソームが動くことによるtRNAのA部位からP部位への移動（あるいはP部位からE部位への移動）を引き起こす。EF−1α，EF−2ともに，GTPを結合させており，その加水分解で生じるエネルギーを用いて上記のはたらきを行っている。

　なお，このように書くと，アミノ酸を結合させたtRNAは，そのコドンに対応できるアンチコドンを持ったものだけが，「よし，今度はおれの番だ！」のごとく狙ったようにスポンと入り込むようなイメージを持つだろうが，実際には，さまざまなtRNAがA部位に入り込んではコドンとのペアが適合せずにあきらめて出てい

①A 部位のコドンに対応する
tRNA が結合する

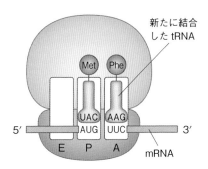

②ペプチド結合により
アミノ酸がつながる

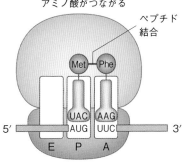

③リボソームが mRNA 上を
3 塩基ずれる

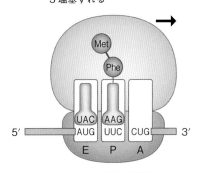

④E 部位の tRNA が外れ，
A部位のコドンに対応
する tRNA が結合する

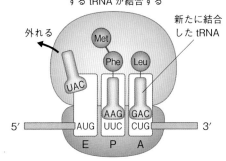

⑤ペプチド結合により
アミノ酸が伸長する

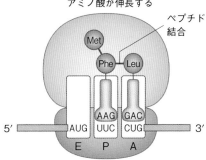

⑥リボソームが mRNA 上を
3 塩基ずれる

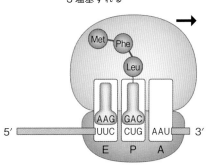

図7−9 翻訳のしくみ──ポリペプチドの合成

第7講 遺伝子発現のしくみ〜翻訳〜

く，ということを無数に繰り返し，偶然適合できたものがP部位に移行できる，という具合に，いわば「試行錯誤の結果」として，どんどんアミノ酸が重合されていく，というのが正しい理解であろう。とんでもなく速いスピードでこれらが起こるので，私たちの目にはあたかもtRNAが，自分の番がきたのを狙って入り込んでいるかのように見えるのである。

　リボソームで合成されるポリペプチド鎖は，小胞体を経由して細胞外に分泌されるものと，細胞内ではたらくものに区別される。

　小胞体を経由して細胞外に分泌されるポリペプチドは，合成され始めのアミノ酸配列（長くても10アミノ酸程度）が，小胞体への**移行シグナルペプチド**となっている**（図7-10）**。この場合，合成され始めた初期の段階で，小胞体移行シグナルを認識するタンパク質**シグナル認識粒子**（signal recognition particle：**SRP**）が結合し，それが小胞体膜に存在するSRP受容体に結合することを介して，ポリペプチドを合成途中のリボソームが小胞体に結合する。SRPが離れた後，移行シグナルペプチドが小胞体内部に入り込むと，シグナルペプチダーゼという酵素によって移行シグナルペプチドが分解されるとともに，合成が再開され，ポリペプチドが終止コドンに至るまで合成される。翻訳が終了すると，ポリペプチド鎖は小胞体の内

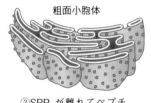

粗面小胞体

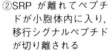

①移行シグナルペプチド
　に結合するSRPを介
　してリボソームが小胞
　体膜の受容体に結合す
　る

②SRPが離れてペプチ
　ドが小胞体内に入り，
　移行シグナルペプチド
　が切り離される

③翻訳が終了し，ポリペ
　プチド鎖が小胞体内に
　放出される

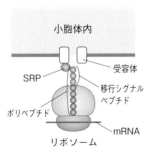

小胞体内

SRP

受容体

移行シグナル
ペプチド

ポリペプチド

mRNA

リボソーム

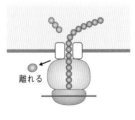

離れる

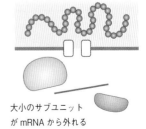

大小のサブユニット
がmRNAから外れる

図7-10　翻訳のしくみ──移行シグナル

部空間へと放出される。この，分泌タンパク質を合成しつつあるリボソームが小胞体に無数に結合した状態が，**粗面小胞体**として私たちの目にさらされるものである。

》翻訳の終了

翻訳は，リボソームがmRNA上の終止コドンを読み取るまで続く。

終止コドンがリボソームのA部位にくると，終止コドンを認識するアンチコドンを持つアミノアシルtRNAは存在しないため，tRNAはA部位に入り込まず，代わりに**翻訳終結因子**としてはたらくタンパク質が入り込む（**図7－11**）。

原核生物の大腸菌では「RF-1」「RF-2」「RF-3」というタンパク質が，翻訳終結因子としてはたらくが，このうちRF-3は，ポリペプチド合成を終結させたRF-1，RF-2を，リボソームから解離させるはたらきをする。

また真核生物では，「eRF-1」と呼ばれるタンパク質が，翻訳終結因子としては

第7講 遺伝子発現のしくみ〜翻訳〜

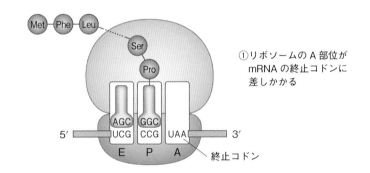

①リボソームのA部位が
　mRNAの終止コドンに
　差しかかる

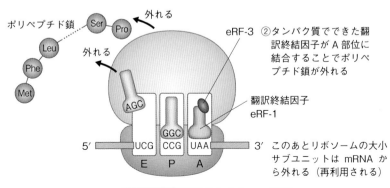

eRF-3 ②タンパク質でできた翻
　　　訳終結因子がA部位に
　　　結合することでポリペ
　　　プチド鎖が外れる

翻訳終結因子
eRF-1

このあとリボソームの大小
サブユニットはmRNAか
ら外れる（再利用される）

図7－11 翻訳のしくみ──終了

184

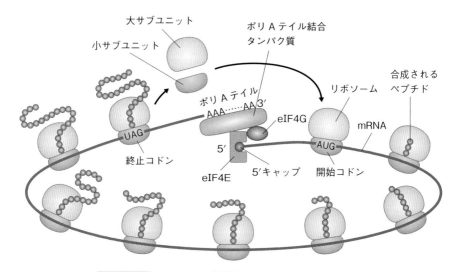

図7−12 mRNAの環状構造を利用した効率的な翻訳

たらく。このタンパク質が，終止コドンにたどり着いたリボソームのA部位に入り込むと，eRF-1に付随していた「eRF-3」というタンパク質が持つGTPの加水分解に伴うエネルギーにより，合成されていたポリペプチド鎖が切断され，tRNAならびにリボソームの大小サブユニットがmRNAから解離するのである（**図7−11**）。

　一本一本のmRNAは，その種類によってさまざまだが，一般的に不安定なものが多く，翻訳されている間に徐々に3′末端のポリAテイルが短くなっていったり，途中で切断されてしまったりする。そうするとタンパク質への翻訳作業はストップしてしまう。そのため，つねにタンパク質が作られ続けなければならない重要なものの場合，mRNAはつねに新しく作り続けられることになる。

　なお，mRNAは通常，5′キャップとポリAテイルがつながった環状構造をとっており，リボソームが多数結合したポリソーム構造を呈するとともに（**図7−12**），解離したリボソームが再び結合（〝再利用〟）できるようになっている（ただし，実際に再利用されているかどうかはわからない。なにしろリボソームは細胞質に無数

MEMO

*1 **ダイアモンド・ブラックファン貧血**（リボソームの異常）骨髄の中でうまく赤血球が造られない先天性の貧血。半数に奇形や発育障害が見られ，悪性腫瘍の合併も見られる。患者の約50％にリボソームタンパク質遺伝子の変異があり，リボソームの機能不全が疾患の原因と考えられている。しかし，広範に存在するリボソームの異常がなぜ造血不全やがん化に結び付くのか，よくわかっていない。

にあるので）*1。

≫ コドンの読み枠とフレームシフト変異

　通常の翻訳は，mRNA上の開始コドンから，順当に3塩基のコドンがアミノ酸配列へと翻訳されていくので，最終的に合成されたポリペプチドのアミノ酸配列は決まっている。しかしながら，3塩基ずつのコドンが読み枠であるとすると，理論上は，読み枠が1塩基，もしくは2塩基ずれると，必然的にコドンが変わり，できるアミノ酸配列も異なることになる（**図7-13**）。ただ，実際にどの読み枠が使われるかは，開始コドンの存在に大きく依存している。同じ塩基配列上には，3種類の読み枠（1，2，3）が存在することになるが，1の最初にのみ開始コドンがあった場

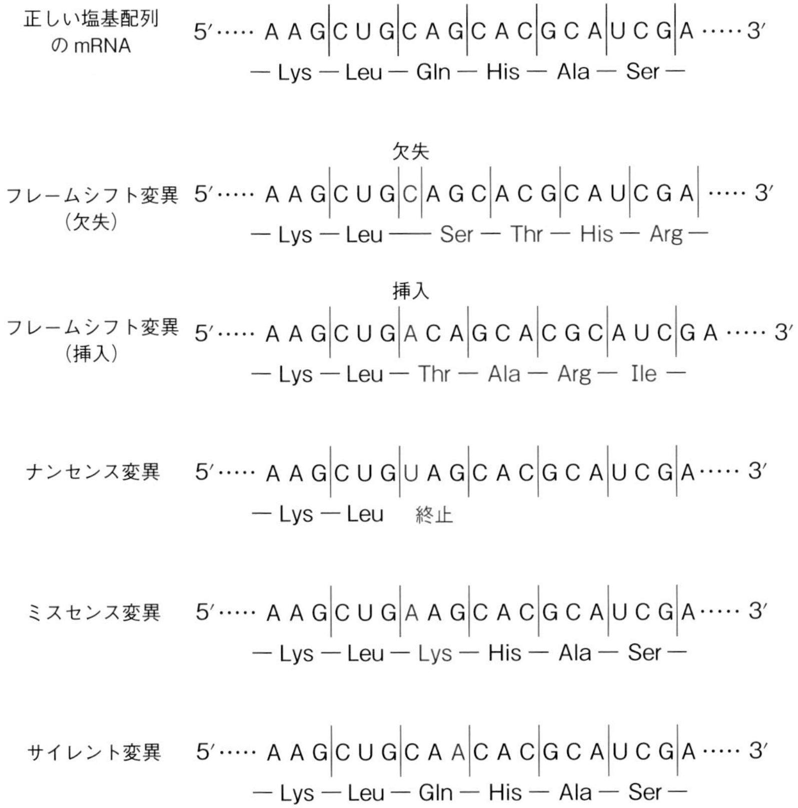

図7-13 DNAに生じる変異によるアミノ酸配列の変化

合，1塩基ずつずれた2，3では最初に開始コドンがない（その下流に偶然できることはあり得る）ことになるため，実際に翻訳されるのは読み枠1のみ，ということになる。

　DNAは二本鎖であり，相補的な塩基配列のほうにも別の遺伝子として翻訳される塩基配列がある場合もある。したがって，実際にはほとんどないだろうが，あるDNAを想定すると，そこには最大で6種類の読み枠が存在できることになる。1つのDNAから6種類のタンパク質ができる可能性があるということであり，効率化の一つの賜物であろう。

　突然変異の一つとして知られる**フレームシフト変異**[2]は，DNA上の塩基が3の倍数以外の数だけ欠失したり，新たに挿入されたりすることにより，そこから合成されるmRNA上のコドンの読み枠がずれ，正常ではないタンパク質が合成されたり，そもそもタンパク質が合成されなかったりする突然変異である（図7−13）。もちろん，3の倍数だけ欠失しても突然変異となるが，その場合は欠失部分のアミノ酸のみがなくなるだけで，それ以降のアミノ酸配列には変化がない。

》リボソーム・フレームシフト

　ところがおもしろいことに，こうした突然変異以外でもフレームシフトが起こることがある。言うなれば，フレームシフトが正常なしくみとしてもともと生物に──といってもじつはウイルスに多いのだが──備わっているということであり，これを**リボソーム・フレームシフト**という。

　リボソーム・フレームシフトは，その名のとおり，DNAの突然変異ではなく，リボソーム（とその仲間たち）が原因で生じるフレームシフトである。したがって突然変異はそこにはない。リボソーム（とその仲間たち）が，わざと読み枠を1つ（あるいは2つ）ずらし，それ以降，異なるアミノ酸配列を作ってしまうのだ。こ

MEMO

*2 **デュシェンヌ型筋ジストロフィー**（フレームシフト変異・ナンセンス変異）／**ベッカー型筋ジストロフィー**（ミスセンス変異）ともに骨格筋の変性・壊死を主病変とし，呼吸機能障害，消化管症状，内分泌代謝異常，眼症，難聴などを伴う全身性疾患。デュシェンヌ型，ベッカー型とも，細胞膜を支えるのに不可欠なジストロフィンというタンパク質の異常が原因である。デュシェンヌ型はジストロフィンが完全に欠損したもの，ベッカー型は不完全ながらジストロフィンが存在するもので，前者が後者に比べ重症になる。デュシェンヌ型ではジストロフィン遺伝子に生じた変異がフレームシフト変異やナンセンス変異のためタンパク質が合成されず，ベッカー型では生じた変異がミスセンス変異のためアミノ酸の一部が変化してはいるがタンパク質はかろうじて合成される。

れもまた，選択的スプライシング同様，1種類の遺伝子（あるいはmRNA）から複数のタンパク質を作るという "効率化" メカニズムの一つであるといえよう。

　たとえばある種のバクテリオファージは，自らの胴体部分（尾部）を作るタンパク質について，このしくみを使って1種類の遺伝子から2種類のタンパク質を作っている。フレームシフトを起こさない場合に作られるタンパク質は，尾部の構造タンパク質の一つとしてはたらくが，フレームシフトを起こすとC末端側に別のアミノ酸配列が生じ，これが別の構造タンパク質（尾部を構成する主要タンパク質）を結合させるためのアンカーとしてはたらくのである。

7-3　タンパク質のフォールディング

≫ ポリペプチドからタンパク質へ

　2-3節で述べたように，タンパク質の構造には，一次構造，二次構造，三次構造，そして四次構造と呼ばれる段階が存在する。アミノ酸配列そのものが一次構造で，タンパク質としての機能を発揮し得るのが三次構造である（**図7-14**）。

　リボソームにおいて合成されるのは，アミノ酸配列そのものである一次構造であり，そうして合成されたものはまだ「タンパク質」とは呼ばれず，「ポリペプチド」と呼ばれる。すなわち，リボソームにおいて合成されたポリペプチドが「タンパク質」と呼ばれるようになるには，一次構造から二次構造，そして三次構造へと，ポリペプチドが適切に折りたたまれる必要がある。そのような折りたたみのことを，タンパク質の**フォールディング**と呼ぶ。

≫ アンフィンゼンのドグマ

　ある種のタンパク質の場合，こうした折りたたみは自発的に起こることが知られている。よく知られた例が，アメリカのクリスチャン・アンフィンゼン（1916〜1995）による実験である。

　アンフィンゼンは，リボヌクレアーゼAと呼ばれる核酸分解酵素を，タンパク質を変性させる物質を加えて変性させた後，再びその物質を取り除くと，構造が元に

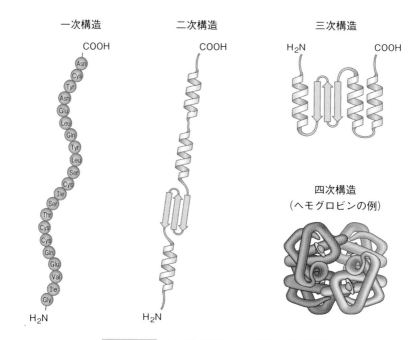

図7-14 タンパク質の一次構造～四次構造

　戻って活性が復活することを発見したのである。この功績により，アンフィンゼン
は1972年のノーベル化学賞を受賞した。

　このことから導き出されたタンパク質の性質，すなわち「タンパク質の高次構造
（三次構造以上）は，アミノ酸配列である一次構造が決まれば，自動的に決まる」
という性質のことを，**アンフィンゼンのドグマ**という。

　しかしながら現在では，必ずしもすべてのタンパク質が「アンフィンゼンのドグ
マ」に忠実であるとは限らないことが知られている。忠実というよりも，細胞内は
非常に多くのタンパク質やそのほかの分子がひしめき合っているため，忠実になろ
うとしても忠実になれないという事態が起こり得る。たとえば，ある1個のポリペ
プチドがアンフィンゼンのドグマに従って折りたたまれようとしたところに，別の
ポリペプチドがやってきて折りたたみをじゃましてしまう，といった事態が起こり
得るのである。

》分子シャペロン

そのため，細胞内には，リボソームで合成されたポリペプチドが本来の高次構造をとることを手助けするしくみが存在する。そのしくみの主役を**分子シャペロン**といい，この分子シャペロンもまた，タンパク質である。

たとえば細胞が40度以上の高温，すなわち「熱ショック」にさらされると，タンパク質の変性が起こってしまうので，それを防ぐためのしくみが必要になることがある。このしくみは，熱ショックにより新たに合成されるタンパク質がその役割を担っており，こうしたタンパク質を**熱ショックタンパク質**（HSP）という。このタンパク質が細胞内で合成され，ほかのタンパク質の変性を防ぎ，細胞機能の低下を防ぐ。

シャペロンとはフランス語で〝介添え役〟を意味する言葉で，もともとは，社交界にデビューしようとする若い貴族の婦人に付き添う，経験豊富な年配の女性のことを指す言葉である。

細胞内にはさまざまな分子がひしめき合っている。その中をかいくぐりながら適切なフォールディングを行うためには，社交界にデビューしようとするご婦人と同様に，適切な介添え役が必要で，それによってほかのタンパク質やポリペプチドなどにじゃまされることなく，適切にフォールディングを行い，高次構造を形成することができる。そのしくみは，熱ショックによるタンパク質の変性を防ぐしくみと，ほぼ同じである。

》シャペロンによるフォールディング

原核生物においてよく研究されているシャペロンに，「GroEL」「GroES」と呼ばれるタンパク質がある。GroEL も GroES も，ともに7個のサブユニットから成り，GroEL をシャペロニン，GroES をコシャペロニンとも呼ぶ。これらは中空の筒のような形をしており，GroEL が筒の本体，GroES が筒のフタに該当する（**図7−15**）。

GroEL 内に，これから折りたたまれようとするポリペプチドが，疎水性領域を露出した状態で入り込むと，すかさず GroES 自身がフタとなって，そのポリペプチドを GroEL の中に閉じ込める。このとき，数秒のうちに GroEL の中でポリペプチドの疎水性領域同士が会合し，フォールディングが行われ，それが終わると

第**7**講 遺伝子発現のしくみ〜翻訳〜

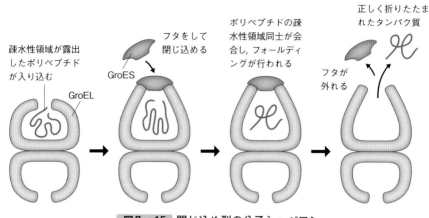

疎水性領域が露出
したポリペプチド
が入り込む

GroES

GroEL

フタをして
閉じ込める

ポリペプチドの疎
水性領域同士が会
合し，フォールディ
ングが行われる

正しく折りたたま
れたタンパク質

フタが
外れる

図7-15 閉じ込め型の分子シャペロン

GroESが外れ，フォールディングしたタンパク質は外へと放出される。GroELは，2つの分子がつながっており，反対側でも同様のサイクルが繰り返され，タンパク質のフォールディングが行われる。

　こうした分子シャペロンを**閉じ込め型**の分子シャペロンというが，分子シャペロンにはもう一つ，**結合・解離型**と呼ばれるものも存在する。

　このタイプの分子シャペロンは，リボソームで新たに合成されたポリペプチドの疎水性領域が，間違ったほかのタンパク質の疎水性領域などと結合したりして，誤

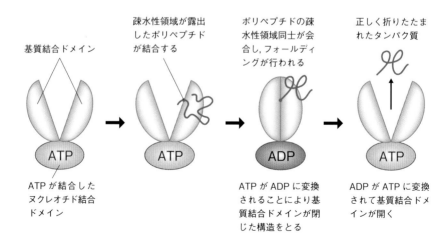

基質結合ドメイン

疎水性領域が露出
したポリペプチド
が結合する

ポリペプチドの疎
水性領域同士が会
合し，フォールディ
ングが行われる

正しく折りたたま
れたタンパク質

ATP が結合した
ヌクレオチド結合
ドメイン

ATP が ADP に変換
されることにより基
質結合ドメインが閉
じた構造をとる

ADP が ATP に変換
されて基質結合ドメ
インが開く

図7-16 結合・解離型の分子シャペロン

ったフォールディングに導かれるのを防ぐ役割を持つ。すなわち，合成されたポリペプチドの疎水性領域に，誰よりもはやく結合し，誤ったフォールディングを防ぐのである（**図7-16**）。

コラム ❼

タンパク質の電気泳動

　タンパク質やDNAなどの生体高分子を研究する手法の一つに**電気泳動**と呼ばれるものがある。この手法は，複数種類のものが混じったタンパク質サンプルや，長さの異なるものが混じったDNAサンプルから，それぞれのタンパク質やDNAを分離する方法として，世界中の研究室で行われているものである。すでに第2講のコラムでは，これらのうち，DNAを長さに応じて分離する「アガロースゲル電気泳動」について紹介した。ここではタンパク質を分離する方法について紹介する。

　タンパク質の場合，どのような基準で分離したいかによって，SDSポリアクリルアミドゲル電気泳動，等電点電気泳動，二次元電気泳動などの種類がある。この中で特によく用いられているのが，タンパク質を分子量の大きさで分離する**SDSポリアクリルアミドゲル電気泳動**である（**図7-17**）。

　この方法ではまず，タンパク質を界面活性剤の一つ**SDS**（ドデシル硫酸ナトリウム）とともに煮沸し，変性させる。タンパク質の表面は，塩基性アミノ酸残基の部分でプラスに，酸性アミノ酸残基の部分でマイナスに，それぞれ帯電しており，マイナスに帯電しているSDSが，塩基性アミノ酸残基部分をマスクするように結合することにより，タンパク質全体がマイナス電荷を帯びることになる。この状態でマイナス極とプラス極を用意して，その間にタンパク質を置き，電気を流すと，タンパク質はプラス極側に引っ張られることになる。

　さらに，熱変性して細長く伸びたポリペプチド鎖状態となったタンパク質は，ポリアクリルアミドという寒天状の**ゲル**（1ミリメートル程度の厚さで，数センチメートル～十数センチメートル程度の長さを持つ板のような形をしているのが一般的）の中を，電気を通すことにより引っ張られて通る際，ゲルのミクロな格子状構造によってじゃまされることで，分子量の小さいものほど先に引っ張られ，分子量の大きいものほど遅れて引っ張られることになる。そして電気泳動が終わったときには，タンパク質はゲルの中で，分子量に応じて分離されている。このゲルを特殊な試薬で染色することにより（CBB染色，銀染色などがよく用いられる），分離されたタンパク質を

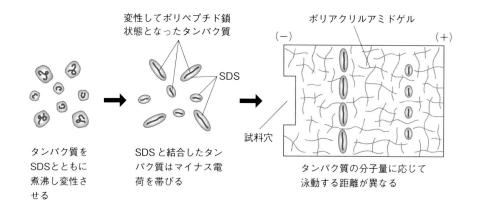

変性してポリペプチド鎖
状態となったタンパク質

ポリアクリルアミドゲル

SDS

(−)　　　　　　　　　(＋)

試料穴

タンパク質を
SDSとともに
煮沸し変性さ
せる

SDSと結合したタン
パク質はマイナス電
荷を帯びる

タンパク質の分子量に応じて
泳動する距離が異なる

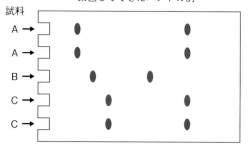

電気泳動後に特殊な試薬で
染色してできたバンドの例

試料

A →
A →
B →
C →
C →

図7−17 SDSポリアクリルアミドゲル電気泳動

〝バンド〟として認識することができる。こうして，試料中に，どのようなタンパク
質が含まれているのかを推定することができるのである。

　電気泳動によって分離したタンパク質をさらに解析したいという場合，通常，ゲル
の中にある状態ではその先の解析を行うことができないので，ゲルの中で分離した状
態のまま，ゲルとほぼ同じ大きさの，セルロースやPVDF（ポリビニリデンジフルオ
リド）などの素材でできた膜に〝転写〟する。この方法を**ウェスタン・ブロッティン
グ**という。この膜の上でタンパク質を反応させ，解析を行うのである。

第 7 講 の ま と め

1. タンパク質を合成するのは，細胞質に無数に存在する「リボソーム」と呼ばれる粒子状の物体である。リボソームは数十種類にも及ぶ「リボソームタンパク質」と，数種類の「rRNA」から成る。

2. リボソーム粒子は「大サブユニット」と「小サブユニット」という2つのパーツに分かれ，真核細胞の核の中に存在する「核小体」で作られる。

3. ヒトでは，5つの染色体に分散したrDNA領域である「核小体オーガナイザー領域」が核小体を形成する。転写された45S rRNA前駆体は，プロセッシングを経てrRNAとして成熟する。

4. 4種類の塩基から成る塩基配列を，20種類のアミノ酸から成るアミノ酸配列へと「翻訳」するために，mRNA上の3つの塩基の並びが1つのアミノ酸を指定する。このしくみを「遺伝暗号」といい，3つの塩基の並びを「コドン」という。

5. タンパク質の材料となる20種類のアミノ酸をリボソームにまで運んでくるのは「tRNA」の役目であり，tRNAにアミノ酸を結合させる酵素は「アミノアシルtRNA合成酵素」と呼ばれる。

6. 真核生物では，mRNAの「開始コドン」の上流に「コザック配列」と呼ばれる領域があり，リボソームの小サブユニットの結合など翻訳開始に関与すると思われる。

7. リボソームの小サブユニットと大サブユニットが合わさると，その内部にA部位，P部位，E部位というtRNAの結合部位が形成され，順に新たなtRNAのリボソームへの結合，アミノ酸のペプチド結合による重合，アミノ酸を離したtRNAの解離が行われる。

8. 小胞体を経由して細胞外に分泌されるポリペプチドは，合成され始めのアミノ酸配列が小胞体への「移行シグナルペプチド」となっている。これが「シグナル認識粒子（SRP）」というタンパク質と結合することで，そのポリペプチドを合成途中のリボソームが小胞体の表面に結合し，「粗面小胞体」を形成する。

9. 突然変異の一つとして知られる「フレームシフト変異」は，mRNA上のコドンの読み枠がずれることで，正常ではないタンパク質が合成される突然変異

である。

10.▸ リボソームにおいて合成されたポリペプチドは，一次構造から二次構造，三次構造へと適切に折りたたまれる。これをタンパク質の「フォールディング」という。

11.▸ 細胞内には，リボソームで合成されたポリペプチドが本来の高次構造をとることを手助けするしくみがあり，その手助けするタンパク質を「分子シャペロン」という。

12.▸ 細胞が熱ショックにさらされると，タンパク質の変性が起こってしまうため，それを防ぐために「熱ショックタンパク質（HSP）」がはたらく。これも分子シャペロンの一種である。

RNAの機能

8-1　ノンコーディングRNA

》複製におけるRNAの役割

　教科書などによく採用されている「セントラルドグマのモデル図」（図1−16参照）によると，セントラルドグマの過程はまず，DNAの「複製」から始まるように描かれる。しかし「複製」は，セントラルドグマのほかの過程とは若干異なる。

　というのも，セントラルドグマのメインである「転写」と「翻訳」は，それぞれの細胞が細胞内でタンパク質を作る過程に両方とも含まれるのに対して，「複製」はその過程には含まれないからである。セントラルドグマの骨子が「遺伝情報の流れ」であるのなら，「複製」もまた，親（の細胞）から子（の細胞）への遺伝情報の流れをもたらすものだからいいのだが，いかんせん，「転写」と「複製」とは場面が違うため，このモデル図はややわかりにくいのである。実際，高等学校の教科書などでは，セントラルドグマといえばRNAが大きく関わる「転写」と「翻訳」のみが言及されている。

　それでは「複製」にはRNAがいっさい関わらないのかというと，そんなことはない。じつはきちんと，RNAが関わっている。それどころか，RNAがないとDNAの複製もまた，うまく起こらない。

　それが，DNAポリメラーゼが複製されるときに合成される**RNAプライマー**である。第3講で述べたように，DNAポリメラーゼは，何もない一本鎖DNAを鋳型にしては，DNA合成を開始することができない。そこには〝足場〟が必要であり，その〝足場〟のために作られるのがRNAプライマーなのである。RNAプライマーが合成されないと，DNA合成はいっさい開始されない。「複製」にも，RNAが不可欠なのである。

》転写されるのは〝RNA御三家〟だけではない

　これまで本書で扱ってきたRNAは，mRNA，rRNA，そしてtRNAの3つである。これらはいずれも，遺伝子の転写と翻訳に必要なRNAであり，高等学校の生物でも学習する有名なRNAだ。

　しかし，じつは私たちの細胞内には，これら3つの，いわゆる古典的なRNAだけが存在しているわけではない。これら〝RNA御三家〟だけでなく，短い塩基配列を持つが非常に重要な役割を果たす**ノンコーディングRNA**（**ncRNA**）と呼ばれるRNAが次々に発見されている。タンパク質のアミノ酸配列をコードするRNA，すなわちmRNAを「コーディングRNA」と呼ぶのに対して，rRNAやtRNA，そしてそのほかのRNAはそれ自身はアミノ酸配列をコードしていないので，「ノンコーディングRNA」と呼ぶのである。

》ノンコーディングRNA

　ノンコーディングRNAは，rRNAとtRNAだけではなく，近年になって，もっと多くの種類のノンコーディングRNAが私たちの細胞内に存在し，細胞の機能に重要なはたらきをしていることがわかってきた（**表8−1**）。

　これらのノンコーディングRNAもまた，〝RNA御三家〟と同じように，ゲノムにその遺伝子があり，そこから転写されて作られる。私たちヒトの場合，じつにゲノムの90％以上の領域から，何らかのRNAが転写されることが明らかになりつつある。

　たとえば，rRNAやtRNA以外のノンコーディングRNAとしては，以前から「snRNA」「snoRNA」がよく知られていた。**snRNA**は**核内低分子RNA**（small nuclear RNA）の略称であり，**snoRNA**は**核小体内低分子RNA**（small nucleolar RNA）の略称である。

　snRNAは，核内ではたらく5種類のものがあり，それぞれU1，U2，U4，U5，U6と呼ばれる。いずれも，ウラシルに富む塩基配列を持つRNAで，長さは107〜210塩基程度である。これらsnRNAはmRNA前駆体と相補的に結合するとともに，ある特定のタンパク質と結合して，snRNP（核内低分子リボ核タンパク質粒子）を形成する。そうして，mRNA前駆体と5種類のsnRNP，そしてほかのタンパク質が寄り集まって「スプライソソーム」と呼ばれる複合体を作り，mRNA前駆体のスプライシングを行う（**図8−1**）。またある種のsnRNPは，mRNAが核から細胞質へと移行する際の補助因子としてはたらく。

　一方，snoRNAは，核小体内ではたらくノンコーディングRNAで，これもやはり特定のタンパク質と結合してsnoRNP（核小体内低分子リボ核タンパク質粒子）を形成し，rRNAのプロセッシング（7−1節参照）に関与する。

表8-1 さまざまなノンコーディングRNA

略称	名称（日本語名称）	はたらき
rRNA	ribosomal RNA （リボソームRNA）	リボソームの主要構成成分
tRNA	transfer RNA （運搬RNA）	mRNAとアミノ酸を結び付ける
snRNA	small nuclear RNA （核内低分子RNA）	mRNA前駆体のスプライシングなど
snoRNA	small nucleolar RNA （核小体内低分子RNA）	rRNAのスプライシングなど
siRNA	short interfering RNA （低分子干渉RNA）	mRNAの選択的阻害により遺伝子発現を抑制
miRNA	micro RNA （マイクロRNA）	mRNAの選択的阻害により遺伝子発現を抑制
piRNA	PIWI-interacting RNA	トランスポゾンの抑制
XistRNA	X-inactive specific transcript RNA	X染色体の不活性化
roXRNA	RNA on the X RNA	X染色体遺伝子量の倍加
meiRNA	meiotic RNA （減数分裂RNA）	減数分裂を進行
circRNA	circular RNA （環状RNA）	miRNAのはたらきを抑制
eRNA	enhancer RNA （エンハンサーRNA）	エンハンサーによる遺伝子発現の促進に関与

　このように，ノンコーディングRNAには非常に重要な機能がある。現在では，私たちの細胞内にはこれ以外にも，siRNA，miRNAをはじめ，piRNA，XistRNA，meiRNA，circRNA，eRNAなど数多くのノンコーディングRNAが存在し，それぞれ重要な機能を果たしていることが知られている。本講ではこれらのうちいくつかの重要なノンコーディングRNAについて，順次述べていくことにする。

　ちなみに，本講冒頭で述べたRNAプライマーは，ノンコーディングRNAとはいわない。

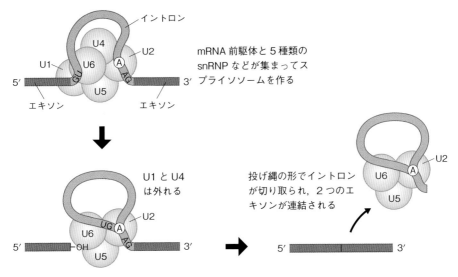

図8-1 スプライシングを行うsnRNA

8-2 RNA干渉

》RNA干渉の発見

　それまで，遺伝子の発現を人工的に抑制する方法として，**アンチセンスRNA**という人工的に合成したRNAを細胞に導入する実験が行われていた。このRNAは，標的となるmRNAと相補的な塩基配列を持つ「一本鎖RNA」である。ところが，この一本鎖RNAよりも，ある種の二本鎖RNAのほうがじつは遺伝子発現の阻害効果が強いことが，1998年，アメリカのアンドリュー・ファイア（1959～）とクレイグ・メロー（1960～）により，線虫の実験で明らかにされた。それは次のようなしくみによる。

　細胞に導入された二本鎖RNAは，細胞内に存在する**ダイサー**（Dicer）と呼ばれる酵素タンパク質によって，長さが23塩基程度の短い二本鎖RNAに分解される。この短い二本鎖RNAを**siRNA**（short interfering RNA）という。続いてsiRNAは，細胞内に存在するヘリカーゼのはたらきによって一本鎖にほどかれ，これが細胞内

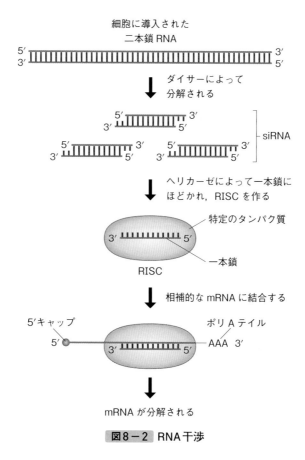

図8-2 RNA干渉

の特定のタンパク質とともに**リスク**（RNA-induced silencing complex：**RISC**）と呼ばれる複合体を作る。このリスクが，一本鎖となったsiRNAの塩基配列を介して相補的なmRNAと結合し，そのmRNAが分解される。このしくみは**RNA干渉**と呼ばれ，広く真核生物に備わった遺伝子発現調節メカニズムであることが明らかになっている（**図8-2**）。

siRNAは，外から細胞に導入された二本鎖RNAから作られるだけではなく，細胞の核内で，実際にゲノムに遺伝子が存在し，その遺伝子から転写されて作られることも明らかとなっている。転写された一本鎖RNAが，相補的な塩基配列部分を介して折りたたまれ，二本鎖になるのである。

≫miRNAの発見

近年，急速に注目を集めているRNAが，**miRNA（microRNA）**と呼ばれるノンコーディングRNAである。RNA干渉が発見される5年前の1993年，線虫の器官形成タイミングに異常が見られる変異体の解析から，世界で初めてmiRNAが発見された。「*lin-4*」と呼ばれるmiRNAである。

この*lin-4*遺伝子は，わずか22塩基の小さなRNAをコードしており，LIN-14と呼ばれる，線虫の幼虫期に発現するタンパク質の翻訳を阻害する。22塩基の長さの*lin-4*は，61塩基の長さでヘアピン構造を呈した前駆体から作られることも明らかとなり，*lin-14* mRNAの3′側の「UTR」（untranslated region：mRNAの3′側にある「非翻訳領域」のこと。終止コドンよりも後ろ）中に存在する相補的な領域と結合することで，*lin-14* mRNAからLIN-14タンパク質への翻訳を阻害する（**図8−3**）。

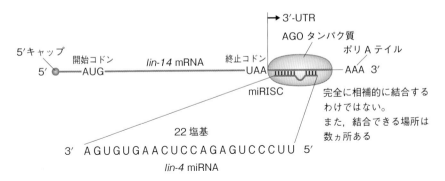

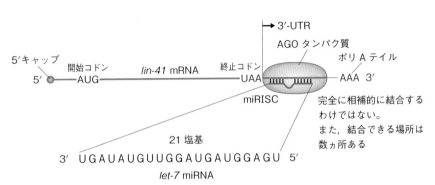

図8−3 miRNAのはたらき（*lin-4*と*let-7*）

　2000年には，やはり線虫において別の小さなRNA，「*let-7*」が見いだされた。このmiRNAは全長が21塩基と，*lin-4*と同様に短く，*lin-41*という遺伝子から転写されたmRNAの3′-UTRの相補的な領域と結合し，その翻訳を阻害することが明らかとなった（**図8−3**）。翻訳を阻害することで，LIN-41タンパク質の量を調節しているのではないかと考えられる。

　現在ではmiRNA「*let-7*」は，ヒトやショウジョウバエなど，多くの動物で高く保存されていることが明らかとなっており，miRNAを介してmRNAからの翻訳量を調節し，細胞の機能をタンパク質量の調節を介してコントロールするRNA干渉が，普遍的であることが明らかとなっている。

》miRNA の作られ方

　このようにmiRNAは，ゲノム上では「miRNA遺伝子」によってコードされており，mRNAの種類を上回る多種類のmiRNAが，つねに細胞内で発現していると考えられている。

　いくつかの例を述べたように，このRNAは，特定のmRNA（の一部の塩基配列）と相補的に結合し得る塩基配列を持っているが，総じてその長さは短く，20〜25塩基程度である。

　miRNAは，次のような複雑なプロセッシングを経て作られる（**図8−4**）。

　まず，miRNA遺伝子から「Pri-miRNA（primary miRNA）」と呼ばれるRNAが転写されて作られる。Pri-miRNAは，その分子自身の中で相補的な塩基配列を持ち，その相補的な塩基配列同士が水素結合でペアを作るため，「ヘアピン」状の構造を呈している。これが，核内において，「ドローシャ（Drosha）」（ジョージア語で「旗」を意味する）と呼ばれるリボヌクレアーゼにより一部が切断され，「Pre-miRNA（miRNA前駆体）」となる。

　Pre-miRNAは，核から細胞質に移行した後，「ダイサー（Dicer）」と呼ばれる酵素タンパク質によってさらに切断され，ヘアピン構造の〝頭〟の部分が切り離され，長さが20〜25塩基程度の完全な二本鎖RNAとなる。これが，「RISC（リスク）」の中に取り込まれ，mRNAと相補的に結合し得るRNA鎖のほうを残して一本鎖に引きはがされ，成熟したmiRNAとなる。

　この一本鎖miRNAが，ターゲットとなるmRNAの相補的な塩基配列部分に結合し，そのmRNAがリボソームで翻訳に供されるのを阻害したり，RISCが持つ分解

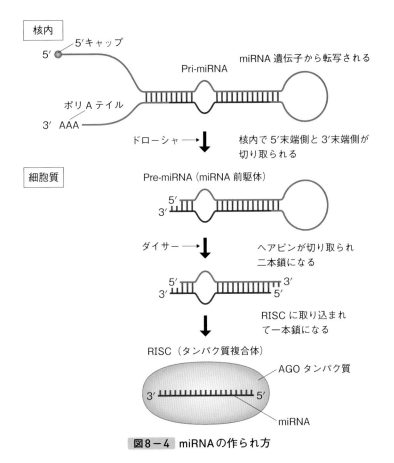

核内

5′ 5′キャップ

miRNA 遺伝子から転写される

Pri-miRNA

ポリ A テイル

3′ AAA

ドローシャ ━━→ 核内で 5′ 末端側と 3′ 末端側が
切り取られる

細胞質

Pre-miRNA（miRNA 前駆体）

5′
3′

ダイサー ━━→ ヘアピンが切り取られ
二本鎖になる

5′ 3′
3′ 5′

RISC に取り込まれ
て一本鎖になる

RISC（タンパク質複合体）

AGO タンパク質

3′ 5′

miRNA

図8−4 miRNA の作られ方

活性によって，mRNA そのものを切断して機能を失わせたりする。

　miRNA は，直接 mRNA に作用することで，遺伝子発現量（合成されるタンパク質の量）を調節しているのである。

　miRNA は，こうした mRNA を介した遺伝子発現量調節を通じて，発生や細胞分化，がん化などのさまざまな細胞現象に関与していると考えられており，現在では miRNA 発現の網羅的解析により，これらの細胞現象を解明しようという研究分野が成立している。

≫ miRNA による mRNA の制御メカニズム

　miRNA の 20 〜 25 塩基程度の配列のうち，すべてが mRNA に相補的である必要

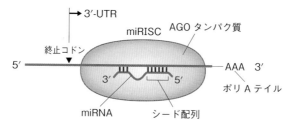

翻訳を阻害し，やがて mRNA が分解される

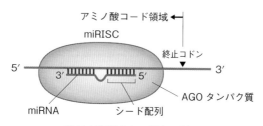

mRNA は切断され，急速に分解される

図8−5 miRNAによるmRNAの制御メカニズム

はなく，実際にはmiRNAの5′側の6〜8塩基程度が，mRNAと相補的であればよいと考えられている。この部分を**シード配列**という。

一方，制御される側のmRNAでは，miRNAと相補的な塩基配列のおよそ半分は，mRNAの3′側にある非翻訳領域（3′-UTR）に存在している（**図8−5**）。

miRNAとともに「miRISC」を構成するのは，「AGO（Argonaute）」と呼ばれるタンパク質で，生物種によっては複数種類存在し，ショウジョウバエではAGO1，AGO2という2種類のタンパク質が，それぞれ異なる場面でRISCを形成することが知られている。

AGOと複合体を形成してmiRISCを形成したmiRNAは，標的となったmRNAの3′-UTRに結合し，ポリAテイルの分解と，それによるmRNA自身の分解を促進したり，mRNAのキャップ構造と相互作用することにより，翻訳の開始を阻害したりする。

また，標的となったmRNAのタンパク質のアミノ酸配列のコード領域に結合したmiRISCが，その配列特異的にmRNA分子を切断することも知られている。

今やmiRNAは，〝RNA御三家〟であるmRNA，rRNA，tRNAと並ぶ，RNAの一大グループを形成しつつある。そのはたらきは，mRNAの分解やクロマチン・

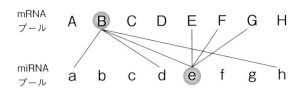

mRNA の B は，miRNA の a, d, e, h から制御を受け，
miRNA の e は，mRNA の B, E, F, G を制御する

図8-6 mRNAプールとmiRNAプールの概念図

リモデリング（6-2節参照）などを通じた遺伝子発現のコントロールであり，その生物学的意義はきわめて大きい。

それぞれのmRNAには，必ず1種類以上のmiRNAが対応できるようになっており，またそれぞれのmiRNAは，複数のmRNAに対して効果を発揮できるようになっている。言うなれば，私たちのゲノムにはmRNA〝プール〟とmiRNA〝プール〟が存在し，お互いに積極的かつ密接に関わり合いながら，遺伝子発現，ひいては細胞機能をコントロールする任を担っているのである（**図8-6**）。

》miRNA発現の異常と発がん

21世紀に入って，慢性リンパ性白血病の研究を皮切りに，miRNA遺伝子の発現異常が細胞のがん化に関与していることが明らかになってきた。

たとえば，慢性リンパ性白血病の患者で欠失している13番染色体のある領域には，3種類のノンコーディングRNA（2種類のmiRNAを含む）遺伝子が存在しており，その2種類のmiRNA遺伝子の発現が低下することにより，がん遺伝子である *bcl-2* 遺伝子の発現が上昇し，細胞死が抑制され，細胞のがん化を促すことが明らかとなっている。

がんには，「細胞死への耐性」をはじめ，「増殖シグナルの維持」「増殖抑制機構からの回避」「ゲノムの不安定性」「浸潤・転移」「血管新生」など，いくつかの特性が存在するが，これまでの研究により，これらのがんの特性のすべてにおいて，miRNA発現の異常が関わっていることが明らかとなっている（**表8-2**）。

これからは，がんの原因をがん遺伝子やがん抑制遺伝子だけに求めるのではなく，ノンコーディングRNAを含めた広い視野に求めていくことが重要になってくるだろう。

表8-2 がんの特性とmiRNAとの関係

がんの特性	がん抑制因子としてはたらく miRNA	がん促進因子としてはたらく miRNA
細胞死への耐性 増殖シグナルの維持 増殖抑制機構からの回避 不死性の獲得 ゲノム不安定性 代謝機構の異常	miR-15 miR-16 let-7	miR-21 miR-155 miR-17-92
浸潤・転移	miR-200	
血管新生	miR-126	
炎症		miR-135b
免疫からの回避		miR-30b/d

（塩見美喜子ほか編『実験医学増刊　ノンコーディングRNAテキストブック』を参考に作成）

8-3 piRNA

》生殖細胞とトランスポゾン

　生殖細胞は，個体を生かすためにはたらく体細胞とは異なり，〝個体の生〟というよりも，〝次世代の生〟のためにはたらく細胞である。したがって，ゲノムを誤りなく次世代に伝えるという意味において，体細胞とは比べ物にならないほど，ゲノムを守るしくみが発達している。

　私たちのゲノムDNAには，**トランスポゾン**と呼ばれる塩基配列が至るところに存在している（**図8-7**）。これらは「動く遺伝因子」といわれるもので，ゲノムの中をあちらこちらに移動することがある。ただしその動きは，私たちが生きている間に実感できるようなレベルではなく，10万年から100万年のスパンで動く。トランスポゾンは，進化史的なレベルでゲノムの中を動くのである。

　もし，このトランスポゾンが，生殖細胞においてゲノムのある場所からある場所

DNAトランスポゾンの移動（カット＆ペースト型）

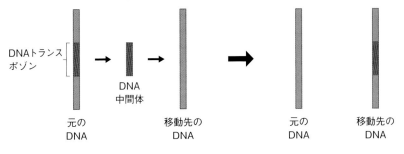

レトロトランスポゾンの移動（コピー＆ペースト型）

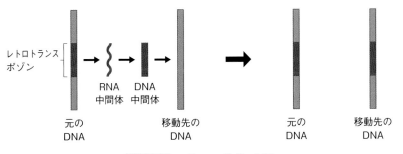

図8−7 トランスポゾンの例

へと，適当に動いたりしてしまうと，たとえば動いた先に重要な遺伝子が存在し，その遺伝子を分断するように移動してきたトランスポゾンが挿入されてしまう，といった事態が生じかねない。そうなると，遺伝子が破壊され，細胞は生存できなくなるかもしれない。もちろんすぐに細胞は死ななくても，長期的に見ると，生殖細胞中でのトランスポゾンの移動が，その子孫となる生物全体に大きな負の影響を与えてしまうかもしれない。

　それを防ぐためのメカニズムが生殖細胞には存在していることが明らかになっている。そしてそのメカニズムには，ノンコーディングRNAの一種が非常に重要な役割を担っているのである。

≫PIWIタンパク質

　先ほど述べたように，miRNAがmiRISCを形成するパートナーとなるのは，AGOと呼ばれるタンパク質である。

じつはこのAGOの仲間で，生殖細胞で特異的に発現しているタンパク質に「PIWI（P-element induced wimpy testis）」と呼ばれるものがある。このタンパク質の遺伝子はもともと，1997年に生殖幹細胞の形成・維持異常の原因遺伝子として見いだされたものであるが，その後の研究により，ショウジョウバエではPiwi，Aub，AGO3という3種類が，マウスではMiwi，Mili，Miwi2という3種類のPIWIタンパク質が存在することが明らかとなった。

》piRNA

生殖細胞において，このPIWIタンパク質とRISC（piRISC）を形成し，標的となるトランスポゾンを分解するのが**piRNA**（PIWI-interacting RNA）である。機能的には，piRNAもmiRNAの一種であるといえなくもないが，長さがややmiRNAよりも長く，生殖細胞に特異的であり，さらにその生成の仕方も，ほかのmiRNAとは異なっている。

piRNAの塩基数は，23〜32塩基と，miRNAの20〜25塩基に比べるとやや長い。piRNAは，ゲノムに存在する「piRNAクラスタ」と呼ばれるpiRNA遺伝子が数多く集まったDNA部分から転写される。piRNAは，上記のようにその標的がトランスポゾンであるため，piRNAクラスタもまた，数多くのトランスポゾン，レトロトランスポゾンから成る（相補的にトランスポゾンと結合しなければならないためであろう）。その一部がpiRNAとして発現し，トランスポゾンと相補的に結合することになる。

piRNAがmiRNAやsiRNAとは異なるのは，これら低分子RNAが，転写された産物がヘアピン構造を呈し，プロセッシングを経て一本鎖となるのとは異なり，最初から一本鎖RNAとして転写され，一本鎖のままプロセッシングを受けることである。miRNAは当初，ヘアピン構造を持つPri-miRNAとして転写され，ドローシャ，ダイサーによりプロセッシングを受けて20〜25塩基の二本鎖RNAとなり，最後にRISCに取り込まれて一本鎖となる。しかしpiRNAは，そんなややこしいステップを経ることなく，転写された当初から一本鎖RNAなのである。さらにpiRNAのほとんどは，5′側の最初の塩基がU（ウラシル）であるという特徴もある。

piRNAにもプロセッシング過程はあるが，それはmiRNAのような複雑なものではない。piRNAは，piRNAクラスタから長い一本鎖RNAとしてその前駆体が転写

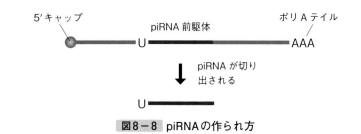

図8−8 piRNAの作られ方

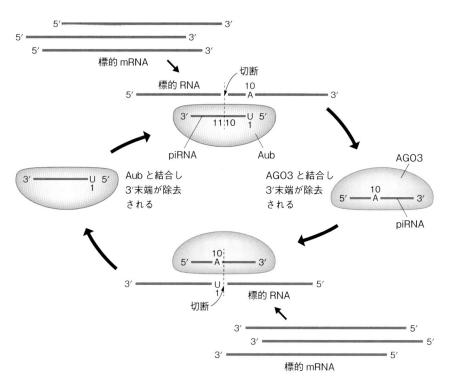

図8−9 piRNAのピンポンサイクル

され，続いて，5′末端がウラシルとなるように，塩基数が23〜32の短いRNAへと切り出されるようにして形成される（**図8−8**）。

　piRNAのおもしろいところは，**ピンポンサイクル**と呼ばれるメカニズムによって自ら細胞内で増幅することができる点であろう（**図8−9**）。このピンポンサイクルは生殖細胞でのみ見られるため，増幅したpiRNAもまた生殖細胞でのみ特異的に見られる。ショウジョウバエの例を挙げてみよう。

　PIWIタンパク質には「スライサー活性」と呼ばれる，piRNAの5′末端から数え

て10番目と11番目の塩基の間で，piRNAと相補的に結合した標的RNAを切断する活性が存在する。PIWIタンパク質（Aub）により切断され，5′末端ができた標的RNAは，別のPIWIタンパク質（AGO3）に引き渡され，3′末端側が除去されて，それ自身がpiRNA（二次piRNA）となる。これが再びAGO3といっしょにスライサー活性によって標的RNAを切断すると，同じようなメカニズムによって，今度はAubに引き渡され，再びpiRNAとなる。これがまた同じように繰り返されて，どんどんpiRNAが増えていくのである。

　piRNAはこの増幅メカニズムにより，トランスポゾンを効率的に抑制していると考えられている。

8-4 長鎖ノンコーディングRNA

》 長鎖ノンコーディングRNAとは何か

　siRNA，miRNA，piRNAなどに比べて大きな分子量を持つノンコーディングRNAを，その名のとおり**長鎖ノンコーディングRNA（lncRNA）**といい，ヒトゲノムの90％以上から，何らかの長鎖ノンコーディングRNAが発現していると考えられている。

　発現量は，mRNAやmiRNAに比べて多いというわけではないが，核に局在するものが多く，また細胞の種類によって発現するものが異なったり，時期特異的に発現するものが多いと考えられている。現在までにすべての長鎖ノンコーディングRNAの存在が明らかになっているわけではなく，その研究は現在，分子生物学の中でも最もホットな話題となっている。

》 X染色体の不活性化

　長鎖ノンコーディングRNAが関わる有名な現象に，**X染色体の不活性化**という現象がある。

　大野 乾（1928〜2000）は，1960年，哺乳類のメスの細胞に存在する**バー小体**と呼ばれる高度に凝縮した染色体が，性染色体であるX染色体が凝縮したものである

（文部科学省監修「ヒトゲノムマップ」より）

X染色体上の主要な遺伝子	Y染色体上の主要な遺伝子
身長伸長タンパク質 インターロイキン3受容体α DNAポリメラーゼα アンドロゲン受容体 インターロイキン受容体共通γ鎖 B細胞成熟タンパク質 細胞間情報伝達タンパク質 赤色識別 緑色識別 血液凝固因子	身長伸長タンパク質 性決定 精子産生タンパク質

ことを発見した。

　ほとんどの哺乳類の性は，性染色体によって決定される。2本ある性染色体のうち，X染色体を2本持つとメスとなり，Y染色体を1本持つとオスとなる。Y染色体には，一連の「オス化遺伝子」を中心とする数十個の遺伝子が存在するだけで，その生物にとって生存に必須な遺伝子は存在しない。一方X染色体には1000個以上の遺伝子が存在し，DNA複製酵素であるDNAポリメラーゼα遺伝子など，生存に必須な遺伝子が存在する（**表8−3**）。

　メスにはX染色体が2本あり，オスには1本しか存在しないため，X染色体には，メスにおいてその一方をバー小体として凝縮させてしまうことで，メスとオスの遺伝子発現量を合わせる「遺伝子量の補正」が行われる。そのための手段が「X染色体の不活性化」である。この現象は，X染色体の不活性化の生物学的意義を唱えたイギリスのメアリー・ライアン（1925〜2014）の名をとって**ライオニゼーション**（lyonization）とも呼ばれる。

≫ XistRNAとroXRNA

　X染色体の不活性化に重要な役割を果たしている長鎖ノンコーディングRNAを**Xist**（X-inactive specific transcript）**RNA**という。このノンコーディングRNAは，X染色体の「不活性化中心（X inactivation center：XIC）」と呼ばれる領域にそれをコードする遺伝子を持っている。XistRNAは，1万7000塩基対もの長さを持つ

長鎖ノンコーディングRNAである。

　XistRNAは発現すると，その〝ホームタウン〟であるX染色体に，その全域にわたってセロハンテープを貼るかのように覆い，そのX染色体を不活性化すると考えられている（**図8-10**）。1万7000塩基対もの長いXistRNAだから，そのすべてが相補的にX染色体に結合するわけではなく，文字どおりX染色体を「べたべたと覆う」のである。実際には複数のDNA結合タンパク質やRNPが，XistRNAのX染色体への結合を仲介する。その代表が**hnRNP U**と呼ばれるRNPである。これが，X染色体のDNAとXistRNAの両方に結合することで，XistRNAをX染色体上に固定する（べたべたと覆わせる）と考えられている。その結果，RNAポリメラーゼを中心とした遺伝子発現のための転写装置が排除され，**ポリコーム群タンパク質**と呼ばれる遺伝子発現を抑制するタンパク質複合体のはたらきによって，エピジェネティックな修飾（6-2節参照）がなされ，X染色体が凝縮する。具体的には，「PRC2（Polycomb repressive complexes 2）」と呼ばれるタンパク質複合体がXistRNAによりX染色体上に呼び込まれ，この複合体がその周囲のヒストンH3のヒストン・テイルに存在する27番目のリジン残基をメチル化する。その後，「PRC1」という別のタンパク質複合体がメチル化されたリジン残基を認識すると，このタンパク質複合体がクロマチン構造を凝縮させ，遺伝子発現が抑制されると考えられている。

　一方，ショウジョウバエでは，オスにおいてX染色体の遺伝子量が倍になるという，哺乳類とは逆の遺伝子量補正が起こる。このときはたらくのもまた長鎖ノンコーディングRNAであり，**roX**（RNA on the X）**RNA**と呼ばれるRNAが関わる。現在，roX1，roX2という2種類のroX RNAが存在することが知られており，これらがX染色体に局在し，ヒストンのアセチル化を介して遺伝子発現を活性化することにより（6-2節参照），X染色体遺伝子量が倍加すると考えられている。

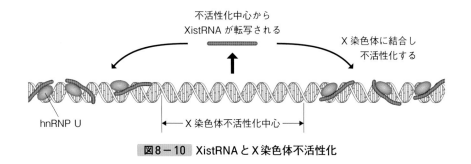

図8-10 XistRNAとX染色体不活性化

》ほかにも存在するさまざまな長鎖ノンコーディングRNA

　分裂酵母では，減数分裂の進行に関与する**meiRNA**と呼ばれる長鎖ノンコーディングRNAが知られている。meiRNA（「mei」は，減数分裂meiosisに由来すると思われる）は，分裂酵母の2番染色体上にあるsme2と呼ばれる遺伝子座から転写される長鎖ノンコーディングRNAで，転写されたその場で，減数分裂遺伝子の発現を抑制する「Mmi1」タンパク質のはたらきを抑えることにより，減数分裂遺伝子が発現し，減数分裂が進行する。

　環状RNA（**circRNA**）は，ある種のmiRNAと結合できる能力を持ち，1つのRNA分子上に多数のmiRNA結合部位を持つ。circRNAは，miRNAの機能を抑える活性を持つことが示唆されており，これらのことから，circRNAは，miRNAを多数トラップしておく〝スポンジ〟のような機能を持つのではないかと考えられている。

　エンハンサーRNA（**eRNA**）は，遺伝子発現を促進するエンハンサー領域からRNAポリメラーゼⅡによって転写される長鎖ノンコーディングRNAである。eRNAは，「エンハンサー」による遺伝子発現の促進に重要な役割を担っていると考えられ，プロモーター領域へのRNAポリメラーゼⅡの結合の促進などを介して，遺伝子発現促進に一役かっていると考えられている。

コラム ❽

リボスイッチ

　ある種のmRNAには**リボスイッチ**と呼ばれる機能が備わっている。これは，細胞内の環境を〝RNA自身が感知〟して，翻訳に進むか進まないかを決めるしくみであり，2002年に初めて論文として報告された。翻訳の調節が必ずしもタンパク質のみによってなされているわけではないことが明らかになったことで，RNAワールド仮説の傍証ともなったとされている。

　最もよく知られたリボスイッチは，細胞内のある物質の代謝に関わる遺伝子の発現が，その代謝産物の存在によってオン・オフされるというものであり，その関連遺伝子のmRNAの5′上流の「5′-UTR（非翻訳領域）」に存在する。mRNA自身が，その〝頭〟のほうに自らのスイッチを持っているというわけである。

　代謝産物が存在しないときには，リボスイッチ内に存在する2つの配列1と2がお

互いに相補的に結合し，その結果，翻訳が開始されるのに重要なSD配列（7−2節参照）が露出し，翻訳がスタートできる状態となっている。ところが関連遺伝子が発現して代謝産物ができてくると，その代謝産物がリボスイッチの一部に結合し，その結果，SD配列が配列2と相補的に結合してしまい，リボソームの小サブユニットがSD配列に結合できなくなってしまう。その結果翻訳が阻害され，代謝産物の生成が止まる（**図8−11**）。

　また，リボスイッチがmRNAの途中にあり，翻訳が停止するための目印である**ターミネーター**という立体構造が現れる場合もある。つまり，代謝産物が存在しない場合はターミネーター構造が現れずに転写は継続して行われるが，代謝産物ができてくると，その代謝産物がターミネーター構造を作り出し，転写がストップするのである。

　これまでに，リボスイッチ制御を受ける代謝産物としてリジンやグリシンなどのアミノ酸，アデニンなどの核酸塩基をはじめ，複数の化合物が同定されている。2013年には，リボスイッチは単なる〝オン・オフ〟だけでなく，環境温度に応じて第三のステージを決めるとの論文も発表され，リボスイッチの世界の奥深さに注目が集まっている。

　なお，現在までに知られているリボスイッチはほとんどが原核生物のものであり，真核生物のリボスイッチの報告はあまりない。

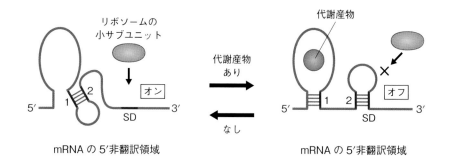

図8−11 リボスイッチ

第 8 講 の ま と め

1. ▶ rRNAやtRNAは，それ自身はアミノ酸配列をコードしていないため，「ノンコーディングRNA」と呼ばれるRNAの一種である。

2. ▶ ノンコーディングRNAには，rRNA，tRNAのほか，「核内低分子RNA（snRNA）」「核小体内低分子RNA（snoRNA）」など，さまざまな種類のものが知られている。

3. ▶ 細胞に導入された二本鎖RNAは，長さが23塩基程度の短い二本鎖RNA「siRNA」となり，細胞内に存在するヘリカーゼによって一本鎖にほどかれた後，特定のタンパク質とともに「リスク（RISC）」と呼ばれる複合体を作り，siRNAと相補的なmRNAと結合する。このmRNAを分解するしくみを，「RNA干渉」という。

4. ▶ ノンコーディングRNAの一種である「miRNA」はそれと相補的な塩基配列を持つmRNAを特異的に認識し，翻訳を阻害することで，遺伝子発現のコントロールを行っていると考えられている。

5. ▶ miRNAは，mRNAを介した遺伝子発現量調節を通じて，細胞の発生や細胞分化，がん化などのさまざまな細胞現象に関与していると考えられている。

6. ▶ 私たちのゲノムDNAには「トランスポゾン」と呼ばれる塩基配列が至るところに存在しているが，生殖細胞ではその移動を防ぎ，ゲノムを保護する役割を持つノンコーディングRNAが存在している。これを「piRNA」という。

7. ▶ piRNAは，「ピンポンサイクル」と呼ばれるメカニズムによって，自ら生殖細胞内で増幅することができる。この増幅メカニズムにより，トランスポゾンを効率的に抑制することができる。

8. ▶ siRNA，miRNA，piRNAなどに比べて大きな分子量を持つノンコーディングRNAを「長鎖ノンコーディングRNA（lncRNA）」という。

9. ▶ 哺乳類のメスにおける「X染色体の不活性化」には，「XistRNA」と呼ばれる長鎖ノンコーディングRNAが関与しており，X染色体を覆うように結合することで，そのX染色体を「バー小体」に変化させる。

10. ▶ 「エンハンサーRNA（eRNA）」と呼ばれる長鎖ノンコーディングRNAは，エンハンサー領域からRNAポリメラーゼⅡにより転写されるもので，エンハンサーによる遺伝子発現の促進に重要な役割を担っていると考えられている。

参考文献

1) Albertsほか著『Molecular Biology of the Cell, Fifth Edition』Garland Science（2008）

2) Albertsほか著，中村桂子ほか監訳『Essential細胞生物学　原書第4版』南江堂（2016）

3) Bergほか著，入村達郎ほか監訳『ストライヤー生化学　第6版』東京化学同人（2008）

4) Lesk著，坊農秀雅監訳『ゲノミクス』メディカル・サイエンス・インターナショナル（2009）

5) Lodishほか著，石浦章一ほか訳『分子細胞生物学　第7版』東京化学同人（2016）

6) Thiryほか著『The Nucleolus During the Cell Cycle』Springer（1996）

7) Urryほか著，池内昌彦ほか監訳『キャンベル生物学　原書11版』丸善出版（2018）

8) Weinberg著，武藤誠ほか訳『ワインバーグ　がんの生物学』南江堂（2008）

9) 塩見春彦ほか編『実験医学増刊　生命分子を統合するRNA―その秘められた役割と制御機構』羊土社（2013）

10) 塩見美喜子ほか編『実験医学増刊　ノンコーディングRNAテキストブック』羊土社（2015）

11) 武村政春著『巨大ウイルスと第4のドメイン』講談社（2015）

12) 武村政春著『ベーシック生物学』裳華房（2014）

13) 巖佐庸ほか編『岩波生物学辞典　第5版』岩波書店（2013）

14) 最新医学大辞典編集委員会編『最新医学大辞典　第3版』医歯薬出版（2005）

15) 文部科学省監修「ヒトゲノムマップ」（2013）
このほか難病情報センター，小児慢性特定疾病センターなどの専門サイトを参考にした。

索引

あ行

か行

た行

な行

は行

わ行

監修者

花岡文雄（はなおか・ふみお）
　　国立遺伝学研究所所長。1946 年東京都生まれ。東京大学薬学部製薬化学科
　　卒業。同大学院薬学系研究科博士課程修了。博士（薬学）。東京大学薬学
　　部助手，同助教授，理化学研究所主任研究員を経て，1995 年大阪大学細胞
　　生体工学センター教授。その後，同大学院生命機能研究科教授，学習院大
　　学理学部教授などを歴任し，2018 年 12 月より現職。専門は生化学，分子
　　生物学。中でも DNA の複製と修復の分子機構の研究。2005 年〜 2007 年
　　には日本分子生物学会会長。内藤記念科学振興賞，日本薬学会賞など受賞
　　のほか，紫綬褒章，瑞宝中綬章を受章。

著　者

武村政春（たけむら・まさはる）
　　東京理科大学理学部第一部教授。1969 年三重県生まれ。三重大学生物資源
　　学部生物資源学科卒業。名古屋大学大学院医学研究科修了。博士（医学）。
　　名古屋大学助手などを経て，2016 年 4 月より現職。専門は分子生物学，巨
　　大ウイルス学，細胞進化学。著書に『生命のセントラルドグマ』『たんぱ
　　く質入門』『巨大ウイルスと第 4 のドメイン』『生物はウイルスが進化させた』
　　（いずれも講談社ブルーバックス）のほか，『レプリカ〜文化と進化の複製
　　博物館』（工作舎），『DNA の複製と変容』（新思索社），『ベーシック生物学』
　　（裳華房），『マンガでわかる生化学』（オーム社）など多数。

基本がわかる　分子生物学集中講義

2020 年 4 月 21 日　　第 1 刷発行

監修者　　花岡文雄
著　者　　武村政春
発行者　　渡瀬昌彦
発行所　　株式会社講談社
　　　　　〒 112-8001　東京都文京区音羽 2-12-21
　　　　　電話　編集　（03）5395-3560
　　　　　　　　販売　（03）5395-4415
　　　　　　　　業務　（03）5395-3615
印刷所　　豊国印刷株式会社
製本所　　株式会社若林製本工場

ISBN978-4-06-219592-8　　N.D.C.464.1　222p　21cm